21 世纪全国普通高等院校美术·艺术设计专业
"十三五"精品课程规划教材

The "Thirteen five-year" Excellent Curriculum for Major in The Fine Art
Design of The National Higher Education Institution in 21st Century

Creativity and Expression of
Landscape Concept

景观概念创意与表达

编著　齐海涛

辽宁美术出版社
Liaoning Fine Arts Publishing House

图书在版编目（CIP）数据

景观概念创意与表达 / 齐海涛编著. — 沈阳：辽宁美术出版社，2019.11
21世纪全国普通高等院校美术·艺术设计专业"十三五"精品课程规划教材
ISBN 978-7-5314-8352-6

Ⅰ．①景… Ⅱ．①齐… Ⅲ．①景观设计－高等学校－教材 Ⅳ．①TU986.2

中国版本图书馆CIP数据核字（2019）第065071号

21世纪全国普通高等院校美术·艺术设计专业
"十三五"精品课程规划教材

总 主 编　郎玉成
总 策 划　郎玉成
副总主编　彭伟哲　时祥选　田德宏
总 编 审　苍晓东

编辑工作委员会主任　彭伟哲
编辑工作委员会副主任　童迎强
编辑工作委员会委员

苍晓东　林　枫　郝　刚　王　楠　谭惠文　宋　健
王哲明　潘　阔　王　吉　郭　丹　罗　楠　严　赫
范宁轩　王　东　高　焱　王子怡　陈　燕　刘振宝
史书楠　王艺潼　展吉喆　高桂林　周凤岐　任泰元
汤一敏　邵　楠　曹　炎　温晓天

印制总监
徐　杰　霍　磊

出版发行　辽宁美术出版社
经　　销　全国新华书店
地　　址　沈阳市和平区民族北街29号　邮编：110001
邮　　箱　lnmscbs@163.com
网　　址　http://www.lnmscbs.cn
电　　话　024-23404603
封面设计　谭惠文
版式设计　彭伟哲　薛冰焰　吴　烨　高　桐

印刷
辽宁一诺广告印务有限公司

责任编辑　彭伟哲　谭惠文
责任校对　郝　刚
版次　2019年11月第1版　2019年11月第1次印刷
开本　889mm×1194mm　1/16
印张　9.5
字数　160千字
书号　ISBN 978-7-5314-8352-6
定价　65.00元

21 世纪全国普通高等院校美术·艺术设计专业
"十三五"精品课程规划教材

序 >>

当我们把美术院校所进行的美术教育当作当代文化景观的一部分时，就不难发现，美术教育如果也能呈现或继续保持良性发展的话，则非要"约束"和"开放"并行不可。所谓约束，指的是从经典出发再造经典，而不是一味地兼收并蓄；开放，则意味着学习研究所必须具备的眼界和姿态。这看似矛盾的两面，其实一起推动着我们的美术教育向着良性和深入演化发展。这里，我们所说的美术教育其实有两个方面的含义：其一，技能的承袭和创造，这可以说是我国现有的教育体制和教学内容的主要部分；其二，则是建立在美学意义上对所谓艺术人生的把握和度量，在学习艺术的规律性技能的同时获得思维的解放，在思维解放的同时求得空前的创造力。由于众所周知的原因，我们的教育往往以前者为主，这并没有错，只是我们更需要做的一方面是将技能性课程进行系统化、当代化的转换；另一方面，需要将艺术思维、设计理念等这些由"虚"而"实"体现艺术教育的精髓的东西，融入我们的日常教学和艺术体验之中。

在本套丛书出版以前，出于对美术教育和学生负责的考虑，我们做了一些调查，从中发现，那些内容简单、资料匮乏的图书与少量新颖但专业却难成系统的图书共同占据了学生的阅读视野。而且有意思的是，同一个教师在同一个专业所上的同一门课中，所选用的教材也是五花八门、良莠不齐，由于教师的教学意图难以通过书面教材得以彻底贯彻，因而直接影响到教学质量。

学生的审美和艺术观还没有成熟，再加上缺少统一的专业教材引导，上述情况就很难避免。正是在这个背景下，我们在坚持遵循中国传统基础教育与内涵和训练好扎实绘画（当然也包括设计、摄影）基本功的同时，向国外先进国家学习借鉴科学并且灵活的教学方法、教学理念以及对专业学科深入而精微的研究态度，辽宁美术出版社会同全国各院校组织专家学者和富有教学经验的精英教师联合编撰出版了《21世纪全国普通高等院校美术·艺术设计专业"十三五"精品课程规划教材》。教材是无度当中的"度"，也是各位专家多年艺术实践和教学经验所凝聚而成的"闪光点"，从这个"点"出发，相信受益者可以到达他们想要抵达的地方。规范性、专业性、前瞻性的教材能起到指路的作用，能使使用者不浪费精力，直取所需要的艺术核心。从这个意义上说，这套教材在国内还是具有填补空白的意义。

21世纪全国普通高等院校美术·艺术设计专业"十三五"精品课程规划教材编委会

21 世纪全国普通高等院校美术·艺术设计专业
"十三五"精品课程规划教材

The "Thirteen five-year" Excellent Curriculum for Major in The Fine Art
Design of The National Higher Education Institution in 21st Century

Creativity and Expression of
Landscape Concept

景观概念创意与表达

编著　齐海涛

辽宁美术出版社
Liaoning Fine Arts Publishing House

图书在版编目（CIP）数据

景观概念创意与表达 / 齐海涛编著. — 沈阳：辽宁美术出版社，2019.11
21世纪全国普通高等院校美术·艺术设计专业"十三五"精品课程规划教材
ISBN 978-7-5314-8352-6

Ⅰ．①景… Ⅱ．①齐… Ⅲ．①景观设计－高等学校－教材 Ⅳ．①TU986.2

中国版本图书馆CIP数据核字（2019）第065071号

21世纪全国普通高等院校美术·艺术设计专业
"十三五"精品课程规划教材

总 主 编　郎玉成
总 策 划　郎玉成
副总主编　彭伟哲　时祥选　田德宏
总 编 审　苍晓东

编辑工作委员会主任　彭伟哲
编辑工作委员会副主任　童迎强
编辑工作委员会委员

苍晓东　林　枫　郝　刚　王　楠　谭惠文　宋　健
王哲明　潘　阔　王　吉　郭　丹　罗　楠　严　赫
范宁轩　王　东　高　焱　王子怡　陈　燕　刘振宝
史书楠　王艺潼　展吉喆　高桂林　周凤岐　任泰元
汤一敏　邵　楠　曹　炎　温晓天

印制总监
徐　杰　霍　磊

出版发行　辽宁美术出版社
经　　销　全国新华书店
地址　沈阳市和平区民族北街29号　邮编：110001
邮箱　lnmscbs@163.com
网址　http：//www.lnmscbs.cn
电话　024-23404603
封面设计　谭惠文
版式设计　彭伟哲　薛冰焰　吴　烨　高　桐

印刷
辽宁一诺广告印务有限公司

责任编辑　彭伟哲　谭惠文
责任校对　郝　刚
版次　2019年11月第1版　2019年11月第1次印刷
开本　889mm×1194mm　1/16
印张　9.5
字数　160千字
书号　ISBN 978-7-5314-8352-6
定价　65.00元

图书如有印装质量问题请与出版部联系调换
出版部电话　024-23835227

21 世纪全国普通高等院校美术 · 艺术设计专业
"十三五"精品课程规划教材

序 >>

当我们把美术院校所进行的美术教育当作当代文化景观的一部分时，就不难发现，美术教育如果也能呈现或继续保持良性发展的话，则非要"约束"和"开放"并行不可。所谓约束，指的是从经典出发再造经典，而不是一味地兼收并蓄；开放，则意味着学习研究所必须具备的眼界和姿态。这看似矛盾的两面，其实一起推动着我们的美术教育向着良性和深入演化发展。这里，我们所说的美术教育其实有两个方面的含义：其一，技能的承袭和创造，这可以说是我国现有的教育体制和教学内容的主要部分；其二，则是建立在美学意义上对所谓艺术人生的把握和度量，在学习艺术的规律性技能的同时获得思维的解放，在思维解放的同时求得空前的创造力。由于众所周知的原因，我们的教育往往以前者为主，这并没有错。只是我们更需要做的一方面是将技能性课程进行系统化、当代化的转换；另一方面，需要将艺术思维、设计理念等这些由"虚"而"实"体现艺术教育的精髓的东西，融入我们的日常教学和艺术体验之中。

在本套丛书出版以前，出于对美术教育和学生负责的考虑，我们做了一些调查，从中发现，那些内容简单、资料匮乏的图书与少量新颖但专业却难成系统的图书共同占据了学生的阅读视野。而且有意思的是，同一个教师在同一个专业所上的同一门课中，所选用的教材也是五花八门、良莠不齐，由于教师的教学意图难以通过书面教材得以彻底贯彻，因而直接影响到教学质量。

学生的审美和艺术观还没有成熟，再加上缺少统一的专业教材引导，上述情况就很难避免。正是在这个背景下，我们在坚持遵循中国传统基础教育与内涵和训练好扎实绘画（当然也包括设计、摄影）基本功的同时，向国外先进国家学习借鉴科学并且灵活的教学方法、教学理念以及对专业学科深入而精微的研究态度，辽宁美术出版社会同全国各院校组织专家学者和富有教学经验的精英教师联合编撰出版了《21世纪全国普通高等院校美术·艺术设计专业"十三五"精品课程规划教材》。教材是无度当中的"度"，也是各位专家多年艺术实践和教学经验所凝聚而成的"闪光点"，从这个"点"出发，相信受益者可以到达他们想要抵达的地方。规范性、专业性、前瞻性的教材能起到指路的作用，能使使用者不浪费精力，直取所需的艺术核心。从这个意义上说，这套教材在国内还是具有填补空白的意义。

21世纪全国普通高等院校美术·艺术设计专业"十三五"精品课程规划教材编委会

前言 >>

┌　灵感之源

灵感：指在文学、艺术、科学、技术等活动中，由于艰苦学习、长期实践、不断累积经验和知识而突然出现的富有创造力的思路。灵感的产生属于创造性思维的范畴，表现为一种灵活多变的、不确定的思维模式。特别是在注重原创设计的今天，灵感是我们设计的制胜关键，它决定了设计作品的方向和特质，是原创设计最重要的灵魂。

"灵感是对艰苦劳动的奖赏"。灵感并不是心血来潮、灵机一动的产物，"灵感是一位客人，他不爱拜访懒惰者"（柴可夫斯基），只有当自己完全被沉思占有时，才可能有灵感。

灵感往往"采不可遏，去不可止"，如不及时捕捉，就会跑得无影无踪。因此，必须随身携带纸和笔，一旦有灵感就随时记录下来。

手绘即是设计师灵感记录的最有效方式，第一时间把头脑中的抽象思维转化为可识别的图形语言，形成设计思路之源。在科学技术高速发展的今天，有许多方式能为我们提供便捷而快速的服务，而对于从事设计工作的人而言，通过笔尖在纸张上写意地挥洒则是记录与拓展设计思维的最有效的途径。

设计之本

灵感记录的最有效的手绘形式称为草图，草图的逐步推演以主动的方式不断推进设计的转化与深入，它能全面地记录设计思维发展的全过程。把设计师潜意识的思维诱发出来，对设计方案的调整与深化起到层层推进的作用。手绘分析图使我们头脑中的灵感不断地丰满、成熟，并沿着一条正确合理的方向向前发展。

在草图灵感基础之上，结合场地信息，逐步推演出合乎尺度比例的平面规划图、剖立面设计图及透视效果图。设计是个系统化工程，需要有科学的体系来支撑它，特别是到了设计深化阶段，细节尺度的大小、结构的穿插关系、材质色彩的应用变化、空间光影的处理，都需要我们用手绘的方式来面对和解决，用严谨的表现图和施工图来深化设计方案，丰富细节表现，通过规范的图纸语言和科学的设计程序使设计灵感不断延续，最终成为精彩的创意之作。

对于设计而言，手绘表达的效果并不是我们追求的最终目的，而是利用手绘这种有力的工具推演与阐述自己的设计，辅助设计实践的成功，设计绝不单单是漂亮的手绘表现。

本书的编写即源于此，区别于常规的手绘技法阐述，本书强调景观创意概念的产生、记录、推演，最终转化为严谨、专业的设计表达语言的过程培养。在接下来的章节里，将根据设计过程的操作程序——灵感构思、平面配置、剖立面设计、透视表达、细节深化等阶段，结合大量实际案例的表现操作成果，探讨景观概念产生与落实的科学方法。

本书将景观概念的产生与推演通过各阶段图纸的绘制详细讲述，配合大量实践设计项目予以分析点评，希望读者可以从中获得更多有益的技术知识和应用实践经验。　　　　　　　　　　　　　　　　　　┘

目录 Contents

前言

第一章　导言

第一节　景观设计手绘技法概述

我国现阶段城市化建设飞速发展，市场竞争日趋激烈，更加注重设计的创意性和时效性，因此，要求设计师必须具备熟练的设计表现能力和创新思维来辅助设计工作，以便提高设计的质量和效率。尽管目前各种计算机绘图软件的表现形式日新月异，甚至如真实般逼真细腻，但手绘的方法与计算机表现手段相比，始终占有快捷、灵活的优势，更方便设计师有效传达与推演自己的设计构思。

"手绘"不仅仅是一种表达的手段，更是一种引导设计师进一步思考的推动媒介。"手绘"对于设计师潜移默化的辅助作用已经被广大的设计师重视起来。草图即为手绘的一种，是设计师灵感与思维的记录与推演，草图交流更是十分重要的专业语言，是不能丢弃的。现在许多设计师只会用计算机而不会动手表现，这对设计工作而言是十分被动的。

好的设计手绘图不但可以快速有效地记录、传达、沟通设计构思，解决工程中的实际问题，还有助于设计思维的扩展。设计者可以通过不同种类的技法和绘画风格，表现出特定景观场所的内容和意境，更好地诠释设计意图。相反，没有好的手绘基础，就等于缺乏与人交流、沟通的工具，会给整体设计工作带来很大麻烦。同时，手绘还有助于收集和积累素材，是设计过程中必不可少的工具和解决问题的手段。手绘的较高境界应当是心手合一，用手绘图来传达设计意图的同时，设计思路也在不断延展。

图 1-1-1　设计师笔下的手绘景观表现图

前言 >>

灵感之源

灵感：指在文学、艺术、科学、技术等活动中，由于艰苦学习、长期实践、不断累积经验和知识而突然出现的富有创造力的思路。灵感的产生属于创造性思维的范畴，表现为一种灵活多变的、不确定的思维模式。特别是在注重原创设计的今天，灵感是我们设计的制胜关键，它决定了设计作品的方向和特质，是原创设计最重要的灵魂。

"灵感是对艰苦劳动的奖赏"。灵感并不是心血来潮、灵机一动的产物，"灵感是一位客人，他不爱拜访懒惰者"（柴可夫斯基），只有当自己完全被沉思占有时，才可能有灵感。

灵感往往"采不可遏，去不可止"，如不及时捕捉，就会跑得无影无踪。因此，必须随身携带纸和笔，一旦有灵感就随时记录下来。

手绘即是设计师灵感记录的最有效方式，第一时间把头脑中的抽象思维转化为可识别的图形语言，形成设计思路之源。在科学技术高速发展的今天，有许多方式能为我们提供便捷而快速的服务，而对于从事设计工作的人而言，通过笔尖在纸张上写意地挥洒则是记录与拓展设计思维的最有效的途径。

设计之本

灵感记录的最有效的手绘形式称为草图，草图的逐步推演以主动的方式不断推进设计的转化与深入，它能全面地记录设计思维发展的全过程。把设计师潜意识的思维诱发出来，对设计方案的调整与深化起到层层推进的作用。手绘分析图使我们头脑中的灵感不断地丰满、成熟，并沿着一条正确合理的方向向前发展。

在草图灵感基础之上，结合场地信息，逐步推演出合乎尺度比例的平面规划图、剖立面设计图及透视效果图。设计是个系统化工程，需要有科学的体系来支撑它，特别是到了设计深化阶段，细节尺度的大小、结构的穿插关系、材质色彩的应用变化、空间光影的处理，都需要我们用手绘的方式来面对和解决，用严谨的表现图和施工图来深化设计方案，丰富细节表现，通过规范的图纸语言和科学的设计程序使设计灵感不断延续，最终成为精彩的创意之作。

对于设计而言，手绘表达的效果并不是我们追求的最终目的，而是利用手绘这种有力的工具推演与阐述自己的设计，辅助设计实践的成功，设计绝不单单是漂亮的手绘表现。

本书的编写即源于此，区别于常规的手绘技法阐述，本书强调景观创意概念的产生、记录、推演，最终转化为严谨、专业的设计表达语言的过程培养。在接下来的章节里，将根据设计过程的操作程序——灵感构思、平面配置、剖立面设计、透视表达、细节深化等阶段，结合大量实际案例的表现操作成果，探讨景观概念产生与落实的科学方法。

本书将景观概念的产生与推演通过各阶段图纸的绘制详细讲述，配合大量实践设计项目予以分析点评，希望读者可以从中获得更多有益的技术知识和应用实践经验。

目录 Contents

前言

第一章　导言

第一节　景观设计手绘技法概述

我国现阶段城市化建设飞速发展，市场竞争日趋激烈，更加注重设计的创意性和时效性，因此，要求设计师必须具备熟练的设计表现能力和创新思维来辅助设计工作，以便提高设计的质量和效率。尽管目前各种计算机绘图软件的表现形式日新月异，甚至如真实般逼真细腻，但手绘的方法与计算机表现手段相比，始终占有快捷、灵活的优势，更方便设计师有效传达与推演自己的设计构思。

"手绘"不仅仅是一种表达的手段，更是一种引导设计师进一步思考的推动媒介。"手绘"对于设计师潜移默化的辅助作用已经被广大的设计师重视起来。草图即为手绘的一种，是设计师灵感与思维的记录与推演，草图交流更是十分重要的专业语言，是不能丢弃的。现在许多设计师只会用计算机而不会动手表现，这对设计工作而言是十分被动的。

好的设计手绘图不但可以快速有效地记录、传达、沟通设计构思，解决工程中的实际问题，还有助于设计思维的扩展。设计者可以通过不同种类的技法和绘画风格，表现出特定景观场所的内容和意境，更好地诠释设计意图。相反，没有好的手绘基础，就等于缺乏与人交流、沟通的工具，会给整体设计工作带来很大麻烦。同时，手绘还有助于收集和积累素材，是设计过程中必不可少的工具和解决问题的手段。手绘的较高境界应当是心手合一，用手绘图来传达设计意图的同时，设计思路也在不断延展。

图 1-1-1　设计师笔下的手绘景观表现图

同时，作为一门艺术，手绘的表观图因表现者的艺术修养、审美取向的不同而呈现出丰富多彩的艺术感染力。在当今的社会中，许多专业设计师都把大部分精力放在了对技术知识、结构构造的钻研上，而忽略了对自身艺术功底和艺术修养的培养与提升。前者固然是设计师所应具备的基本技能之一，而后者我们更加不能轻视，它是对设计师综合职业素质的一种全方位完善，能使设计师的作品蕴含更多的艺术气质，我们应该在满足技术知识的同时，更强调设计思路的艺术表达，不断加强自身的文化艺术修养，培养独特的创意思维和厚重的艺术表现力。

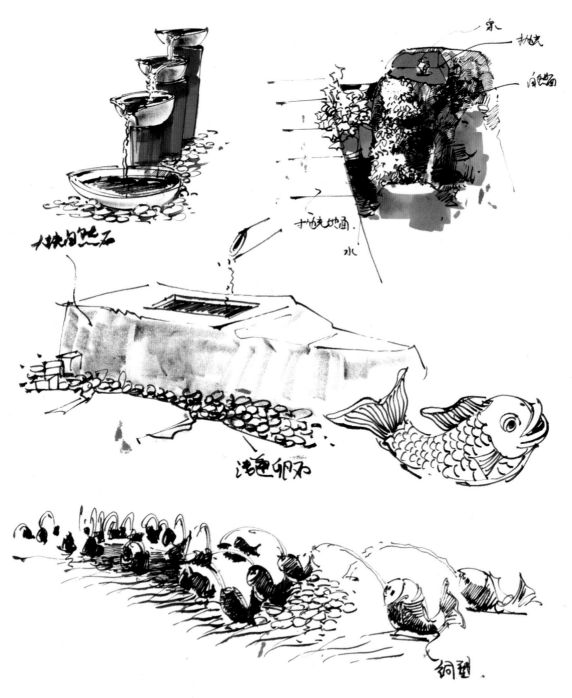

图 1-1-2　展现设计师思维推演的景观节点设计

第二节　景观概念构思与手绘表达

设计思维是设计师对设计项目的立意与构思，是整体设计方案的根源，设计的一切工作展开都以此为中心。

而这些转念即逝的灵感都需要用设计草图的方式来记录，把点滴的灵感用草图的方式加以整理和分析，形成整体环境设计的主线，在此基础上不断梳理与推演，准确地把握设计立意与构思，在表现图的画面上尽可能多地传递出设计师独特的设计思维与目的，创造出符合设计本意的最佳效果，这是学习手绘表达的首要原则。

现阶段，对于手绘的认识也逐步深入，设计表达由原来重视技法转而重视设计语言表达与设计思维的互动，即强调设计思维由概念产生到设计结果之间采用层层递进的方式，图像表现的多样性就在设计构思递进的过程中体现出来。这一过程的不断训练能够有力提高设计师思维表达的能力。同时，手绘草图、电脑绘图、剪贴、文字、视频、声频等可综合集成于设计思维推演之中，丰富手绘表现的多维形式。

对于景观设计师而言，电脑效果图的特点为：真实、准确、速度较慢，易于反复修改，但不适于创意。手绘效果图的特点为：生动、概括、速度较快，不易于反复修改，但适于创意记录与推演。

因此，手绘表达的最大优势在于其能够激发设计师的灵感，并且能够充当景观设计师的语言，展现设计师的才气和创意，它常被认为是设计师的基本功之一。此外，手绘效果图还是设计师多年艺术修养的体现，具有较高的艺术欣赏价值。

图 1-2-1　阿尔多·罗西的草图

建筑大师阿尔多·罗西的设计草图以自己的表达语言记录着设计思维的推演过程，风格独具特色。

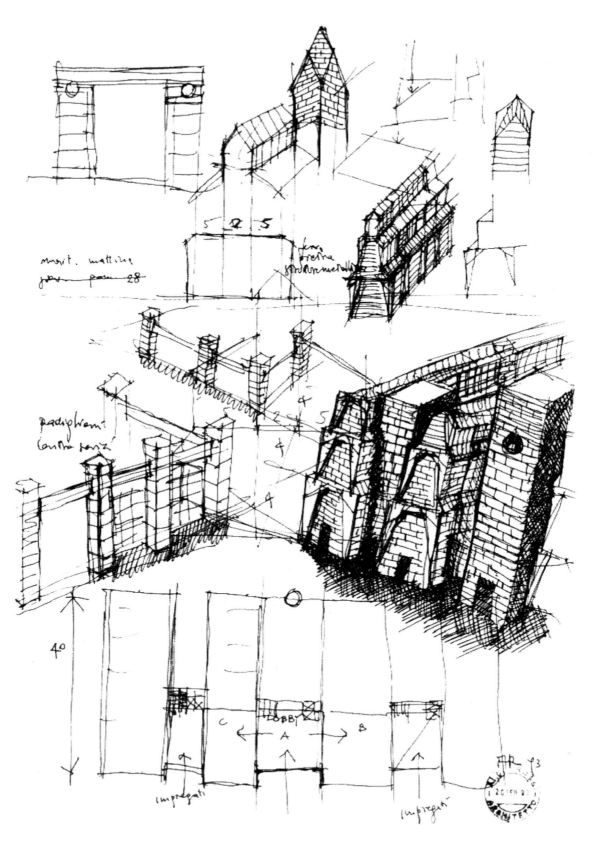

图 1-2-2　阿尔多·罗西的设计推演草图

图 1-2-3　澳大利亚战争纪念馆景观设计图　引自 sketch landscape
上图是记录设计师构思推演的手绘设计图，清晰、流畅的线条和简洁、明快的色彩充分展现了设计思维与效果。

图 1-2-4　澳大利亚战争纪念馆景观手绘设计图　引自 sketch landscape
上图为计算机绘制完成的景观效果图，采取了建模、渲染及拼贴的方式予以表现，模拟真实的场景效果。

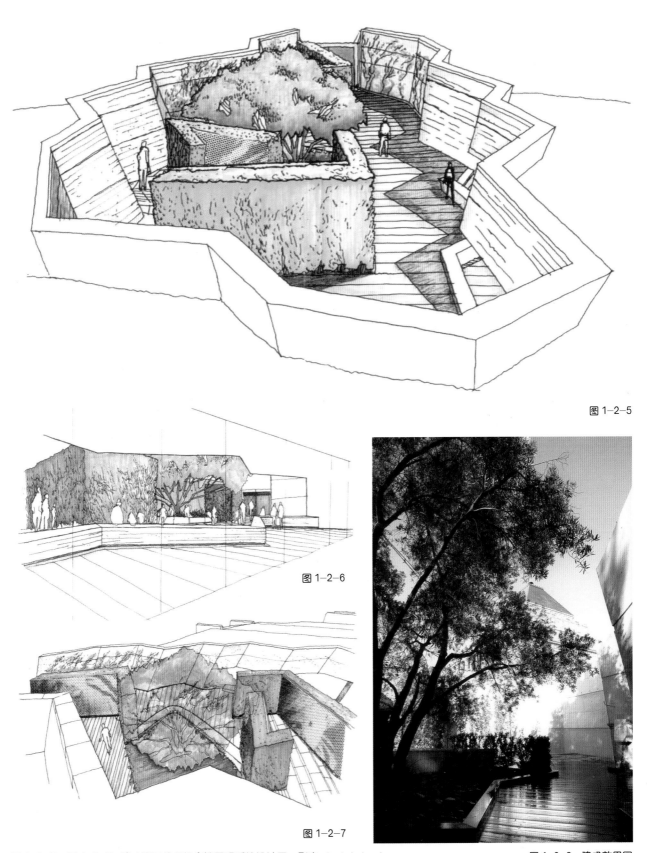

图 1-2-5

图 1-2-6

图 1-2-7

图 1-2-5～图 1-2-7　澳大利亚战争纪念馆景观手绘设计图　引自 sketch landscape

图 1-2-8　建成效果图

第二章　景观设计手绘技法概述

钢笔、彩色铅笔、马克笔、水彩等手绘技法是景观环境设计中常用的设计表现形式，因为这些表现技法的绘图工具携带方便，绘图速度快且表现力较强，在实际景观设计工作中应用广泛。由于不同技法所产生的视觉效果不一样，适合表达不同的设计意图，因此，优秀的设计师最好能掌握多种手绘技法，在实际工作中能够针对具体设计状况灵活应用。对于初学者来说，较快捷的学习方法是直接选择一两种行之有效的手绘技法，通过反复临摹和练习掌握表现要领，或通过尝试不同的表现类型后，选择自己易于掌握的手绘技法继续深入练习。

在实际工作中，进行设计手绘表达之前要有明确的计划，这是设计师有效掌控设计流程与提高工作效率的好方法。首先要明确画面需要传达的设计意图，对画面要表现的设计内容、表现形式和技法方式要有精心的计划，这些工作是做好设计手绘表现的前提条件。具体地说，就是要根据不同设计主题和设计表现内容来确定手绘表现方式，包括绘图纸张、工具的选择，透视角度，构图形式的定位，线条、色调、光影与质感的协调以及技法表现的先后步骤等。

第一节　手绘图的材料和工具

1. 常用手绘图纸张

（1）复印纸

方案制订的初期阶段，手绘草图时常使用的纸张是 A3 或 A4 型号的普通复印纸。这种纸材适合普通铅笔、绘图笔、彩色铅笔等多种手绘工具表现，而且价格比较便宜，在实际设计工作中应用广泛。

（2）硫酸纸

硫酸纸的透明特性决定其在手绘图中的重要作用。使用硫酸纸进行草案勾画，便于修改与调整方案。同时，它也是用来拓图的最便捷的纸张。由于它的纸面光滑，不易于铅笔、水彩的着色，通常情况下，绘图笔和马克笔在硫酸纸上挥发性较好，线条流畅，能够充分展现此类手绘技法的表现特长。

（3）绘图纸

绘图纸是设计手绘表现时较常用的专用纸张，由于其质地较厚、纸面纹理细腻，较普通的复印纸更易于彩色铅笔和马克笔的表现。因此，在较正规的设计手绘表现图中，常常以绘图纸替代普通复印纸。

图 2-1-1　复印纸

图 2-1-2　硫酸纸

图 2-1-3　硫酸纸

（4）水彩纸

水彩纸的纸基与普通绘图纸或打印纸相比较厚，吸水性能好，表面质地粗细适中，非常适合水彩技法的表现。水彩纸根据纸面肌理分为细纹和粗纹两种类型，通常用来进行设计手绘的为细纹水彩纸，以便清晰地表现出景物的形体结构关系。实际绘图时，马克笔技法也常常应用在水彩纸上表现，但是由于水彩纸对马克笔颜色的吸收力较强，画面色彩效果不如在硫酸纸上亮丽。

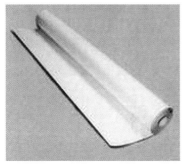
图 2-1-4　绘图纸

图 2-1-5　水彩纸

图 2-1-6　水彩纸

2. 常用手绘辅助工具

除了各种绘图笔、颜料和绘图纸张以外，其他的辅助工具有直尺、三角尺、丁字尺、曲线尺、鸭嘴笔、刀具、胶带纸、胶水、电吹风等，绘图者可根据不同手绘技法的具体情况选择相应的辅助工具配合使用。

至于手绘过程中是否需要借助尺子等绘图工具，一方面取决于绘图者的手绘功底，另一方面还要根据设计表现的内容以及绘图者需要传达出怎样的画面意境决定。在设计方案的草图阶段可以选择不用借助尺规的徒手绘图手法。但手绘正式表现图时，用尺子更容易获得准确而有力的线条，可以和徒手绘画的方法结合运用，使图面效果更加真实生动。当然，如果绘画基本功非常扎实，不借用任何尺子等辅助工具也是可以的。

图 2-1-7　绘图尺规

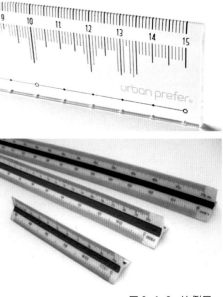
图 2-1-8　比例尺

第二节 景观设计的长影手绘技法

1. 钢笔表现技法

钢笔速写是快速表现效果图的最基础手法，也是运用最广泛的表现类型，是一种与铅（炭）笔速写具有很多共同点并更概括地快速表现效果图的表现方法，所以这种技法是设计专业人员重要的技能与基本功，它对培养设计师的形象思维与记忆，锻炼手眼同步快速构建形象，表达创作构思和设计意图以及提高艺术修养、审美能力等均有很好的作用。

钢笔速写主要是以线条的不同绘画方式来表现对象的造型、层次以及环境气氛，并组成画面的全部。因此，研究线条及线条的组合与画面的关系是钢笔速写技法的重要内容。由于钢笔速写具有难以修改的特点，因此下笔前要对画面整体的布局与透视结构关系在心中有个大概的腹稿，较好地安排与把握整体画面，这样才能保证画面的进行能够按照预期的方向发展，最终实现较好的画面效果。

绘图时，要注意线条与表现内容的关系。钢笔速写的绘画主要是通过线条来表现的，钢笔线条与铅笔、炭笔线条的表现力虽有所异，但基本运笔原理还是大体相似的，绘画者除了要能分出轻重、粗细、刚柔外，还应灵活多变。设计师笔下的线条要能表达所描绘对象的性格与风貌，如表现坚实的建筑结构，线条应挺拔刚劲；表现景观环境，线条就应放松流畅。

图 2-2-1 绘图钢笔

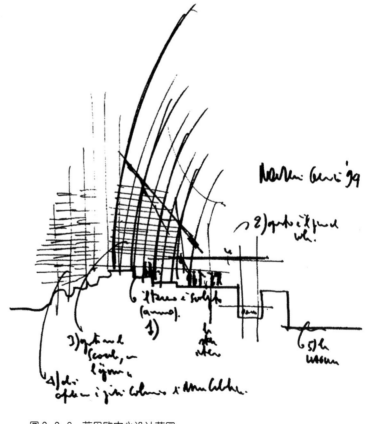

图 2-2-3 芝贝欧中心设计草图

钢笔也是建筑设计大师钟爱的草图绘制工具之一。

图 2-2-2 芝贝欧中心设计

图 2-2-4 钢笔写生 作者：张杰

图 2-2-5 钢笔写生 作者：张杰

图 2-2-6 室内设计 作者：张宏明

图 2-2-7 室内设计 作者：张宏明

图 2-2-8 建筑表现 作者：张宏明

图 2-2-9 景观设计 作者：张宏明

图 2-2-10 松赞林寺 作者：黄镇煌

2010.4.19.
云南·香格里拉
松赞林寺.

2. 铅（炭）笔与彩色铅笔表现技法

铅（炭）笔作为绘制草图的常用工具，为设计师设计过程中的工作草图、构想手稿、方案速写提供了很大方便，因为这类工具表现快捷，所以比较适宜做效果草图。铅（炭）笔草图画面看起来轻松随意，有时甚至并不规范，但它们却是设计师灵感火花的记录、思维瞬间反应与知识信息积累的重要手段，它对于帮助设计师建立构思、促进思考、推敲形象、比较方案起到强化形象思维、完善逻辑思维的作用。

一些著名设计大师的设计草图手稿，都能准确地表达其设计构思和创作概念，是设计大师设计历程的记录。铅（炭）笔草图尽管表现技法简洁，但作为设计思维的手段，其具有极强的生命力和表现力。

铅（炭）笔表现技法的特点：

(1) 由于铅（炭）笔作图具有便于涂擦修改的特点，所以在起稿时可以先从整体布局开始。在表现与刻画时，也尽可以大胆表述，要尽量做到下笔肯定，线条流畅，同时注重利用笔的虚实关系来表现整体环境的空间感。

(2) 要充分利用与发挥铅笔或炭笔的运作性能。铅笔由于运笔用力轻重不等，可以绘出深浅不同的线条，所以在表现对象时，要运用线的技法特点。

(3) 铅笔或炭笔不仅在表现"线"方面具有丰富的表现力，同时还对"面"具有极强的塑造表现力，是素描最常用的表现工具。铅笔或炭笔在表现时可轻可重，可刚可柔，可线可面。可以非常方便地表现出"体"、"面"的起伏、距离的远近、色彩的明暗等。所以，在表现对象时可以线面结合，尤其在处理建筑写生的画面时，这样做对画面主体与辅助内容的表达都具有极强的表现力。

(4) 在对重点部位描述的程度上要比其他部位更深入。在表现上甚至可以稍加夸张，如玻璃门可用铅笔或炭笔的退晕技法表现并画得更透明些。某些部位的光影对比效果更强些，在处理玻璃和金属对象时还可以用橡皮擦出高光线，以使画面表现得更精致、更有神，由此使得画面重点突出。

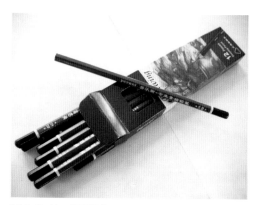

图 2-2-11　绘图铅笔

图 2-2-12　炭铅笔

图 2-2-13　圣玛丽教堂速写　保尔·荷加斯

图 2-2-14　建筑景观设计　作者：张权

图 2-2-15　建筑景观设计　作者：张权

图 2-2-16 炭铅笔创作 作者：黄镇煌

图 2-2-17　炭铅笔创作　作者：黄镇煌

彩色铅笔是绘制效果图常用的作画工具之一，它具有使用简单方便、颜色丰富、色彩稳定、表现细腻、容易控制的优点，常常用来画建筑、环境草图，平面、立面的彩色示意图和一些初步的设计方案图。但是，一般不会用彩色铅笔来绘制展示性较强的建筑画和画幅比较大的建筑画。彩色铅笔的不足之处是色彩不够紧密，画面效果不是很浓重，并且不宜大面积涂色。当然，如果能够运用得当的话，彩色铅笔绘制的效果图是别有韵味的。

彩色铅笔的种类：

彩色铅笔的品种很多，一般有 6 色、12 色、24 色、36 色，甚至有 72 色一盒装的彩色铅笔。我们在使用的过程中必然会遇到如何选择的问题。一般来说以含蜡较少、质地较细腻、笔触表现松软的彩色铅笔为好，含蜡多的彩色铅笔不易画出鲜丽的色彩，容易"打滑"，而且不能画出丰富的层次。

另外，水溶性的彩色铅笔亦是一种很容易控制的色彩表现工具，可以结合水的渲染画出一些特殊的效果。

彩色铅笔不宜用光滑的纸张作画，一般用特种纸、水彩纸等不十分光滑有一些表面纹理的纸张作画比较好。不同的纸张亦可创造出不同的艺术效果。绘图时可以多做一些小实验，在实际操作过程中积累经验，这样就可以做到随心所欲、得心应手了。尽管彩色铅笔可供选择的余地很大，但在作画过程中，总是免不了要进行混色，以调和出所需的色彩。彩色铅笔的混色主要是靠不同色彩的铅笔叠加而成的，反复叠加可以画出丰富微妙的色彩变化。

图 2-2-18　彩色铅笔

图 2-2-19　彩色铅笔

图 2-2-20　彩色铅笔表现　作者：邱硕

图 2-2-21　彩色铅笔配合马克笔表现　作者：张杰

彩色铅笔的表现特点

彩色铅笔在作画时，使用方法同普通素描铅笔一样易于掌握。彩色铅笔的笔法从容、独特，可利用颜色叠加产生丰富的色彩变化，具有较强的艺术表现力和感染力。

彩色铅笔有两种表现形式：一种是在针管笔墨线稿的基础上直接用彩色铅笔上色，着色的规律由浅渐深，用笔要有轻、重、缓、急的变化；另一种是与以水为溶剂的颜料相结合，利用自身的覆盖特性，在已渲染的底稿上对所要表现的内容进行更加深入细致的刻画。由于彩色铅笔运用简便，表现快捷，也可作为色彩草图的首选工具。彩色铅笔也是与马克笔相配合使用的工具之一，彩色铅笔主要用来刻画一些质地粗糙的物体（如岩石、木板、地毯等），它可以弥补马克笔笔触单一的缺陷，也可以很好地衔接马克笔笔触之间的空白，起到丰富画面的过渡作用。

图 2-2-22 彩色铅笔配合马克笔表现 作者：张杰

图 2-2-23 南开大学标志性构筑物设计 作者：齐海涛

3. 马克笔的表现技法

马克笔是近些年较为流行的一种手绘表现工具，既可以绘制快速的草图来帮助设计师分析方案，也可以深入细致地刻画，形成一张表现力极为丰富的效果图。同时，也可以结合其他如水彩、透明水色、彩色铅笔、喷笔等工具或与计算机后期处理相结合，形成更好的效果。马克笔由于携带与使用简单方便而且表现力丰富，因此非常适宜进行设计方案的及时快速交流，深受设计师的欢迎，是现代设计师运用广泛的效果图表现工具。

马克笔的种类：

马克笔按照其颜料不同可分为油性、酒精性和水性三种。

油性笔以美国的PRISMA为代表，特点是色彩鲜艳，纯度较低，色彩容易扩散，灰色系十分丰富，表现力极强。

酒精笔以韩国的TOUCH为代表，其特点是粗细两头笔触分明，色彩透明，纯度较高，笔触肯定，干后色彩稳定，不易变色。

水性笔以德国的STABILO为代表，它是单头扁杆笔，色彩柔和，层次丰富，但反复覆盖色彩容易变得浑浊，同时对绘图纸表面有一定的伤害。

而进口马克笔颜色种类十分丰富，可以画出需要的、各种复杂的、对比强烈的色彩变化，也可以表现出丰富的层次递进的灰色系。

马克笔的表现特点：

(1) 马克笔基本上属于干画法处理，颜色附着力强又不易修改，故掌握起来有一定的难度，但是它笔触肯定，视觉效果突出，表现速度快，被职业设计师所广泛应用，所以说它是一种较好的快速表现的工具。

(2) 马克笔一般配合钢笔线稿图使用，在钢笔透视结构图上进行马克笔着色，需要注意的是马克笔笔触较小，用笔要按各体面、光影需要均匀地排列笔触，否则，笔触容易散乱，结构表现得不准确。根据物体的质感和光影变化上色，最好少用纯度较高的颜色。

(3) 很多学生在使用马克笔时笔触僵硬，其主要问题是没有把笔触和形体结构、材质纹理结合起来。我们要表现的室内物体形式多样，质地丰富，在处理时要运用笔触多角度的变化和用笔的轻重缓急来丰富画面关系，同时还要掌握好笔触在瞬间的干湿变化，加强颜色的相互融合。

(4) 画面高光的提亮是马克笔表现的难点之一，由于马克笔的色彩多为酒精或油质构成，所以普通的白色颜料很难附着，我们可以选用白色油漆笔和白色修正液加以提亮，突出画面效果，丰富亮面的层次变化。

(5) 马克笔适于表现的纸张十分广泛，如色底纸、普通复印纸、胶版纸、素描纸、水粉纸都可以使用。选用带底色的色纸是比较理想的，首先纸的吸水性、吸油性较好，着色后色彩鲜艳、饱和；其次有底色，容易统一画面的色调，层次丰富。也可以选用普通的80克至100克的复印纸。

图2-2-24 PRISMA 油性马克笔图

2-2-25 TOUCH 酒精马克笔图

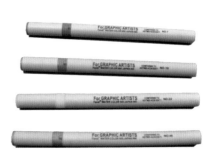

2-2-26 STABILO 水性马克笔

图 2-2-27　马克笔润色前的线稿　作者：张杰

图 2-2-28　马克笔配合彩铅润色　作者：张杰

图 2-2-29 马克笔创作线稿 作者：马世梁

图 2-2-30

图 2-2-31

图 2-2-32

图 2-2-30 ~ 2-2-32 马克笔创作润色过程 作者：马世梁

图 2-2-33　马克笔创作成稿　作者：马世梁

图 2-2-34 室内设计表现 作者：张宏明

图 2-2-35 室内设计表现 作者：张宏明

图2-2-36　景观设计表现

图2-2-37　景观设计表现

4.水粉、水彩、喷绘的表现技法

水粉颜料主要是以水为调和物的一种表现颜料，其特点是表现力丰富，运用简便，能真实地表达设计构思和创意，是常用的效果图表现材料之一。水粉颜料由于含有粉质，覆盖能力强，对画面深入表现的余地很大，能够兼有水彩和马克笔的双重优点，能很精确地表现所设计的空间的物体质感、光线变化和室内空间色调。在表现的手法上也有多样化的特点，可以采用叠加的干画法，也可以多加入水分表现其薄画法的特性。其技法运用的兼容性较强，在表现时可采用虚实相结合、干湿相结合、薄厚相结合的方法来进行深入地刻画。同时也可结合喷绘和彩色铅笔的工具特点丰富表现层次。

水粉画的颜料品种很多，包装形式各有不同，在选择时可以根据表现的内容不同和画面效果的要求选择不同品牌的颜料。水粉画对纸张有一定的要求，要选用吸水性适中、薄厚均匀的纸张。因为吸水性较强的水彩纸容易使画面变灰，而过于薄、吸水性差的纸无法承受笔触的反复叠加而产生变形的现象。在运用水粉纸绘图前应把纸平整地裱在图板上，起稿时可以用铅笔进行拓印，也可以采用勾线笔直接起稿。

水粉笔的种类很多，在选择的时候应挑选含水性较好的平口水粉笔或进口的尼龙笔。因为这种笔比较坚硬，善于表现笔触，在处理物体的边缘线时可选用一些衣纹笔或白云笔。还有一些工具也能辅助效果图的表现，例如槽尺。槽尺是用来画线的，这种尺的中间有一条沟线作为支撑笔的滑槽，塑造物体和画面的结构时我们多会用到它。

图2-2-38 水粉颜料

图2-2-39 水粉画笔

图2-2-40 水粉室内设计表现

图 2-2-41 水粉室内设计表现

水彩是一种以水为调和颜料的表现工具，是室内外表现图的传统技法之一。水彩具有明快、湿润、清透的材料特点，能够表现变换丰富的室内外场景。

水彩颜料的特性是颗粒细腻而且十分透明，色彩浓淡相对容易掌握。为了增加色彩表现的纯度，我们有时可以混用一些透明水色。水彩画对笔的要求较高，应选用毛质较软的水彩笔或进口的尼龙笔，为了方便大面积作画可准备中号和小号的羊毛板刷各一只。纸的选用要选择吸水性好的、质地厚实的水彩纸，也可选用一些进口的特种纸张进行表现。

水彩颜料的渗透性很强，颜色的叠加与覆盖力较差，一般最多叠加两到三遍。反复多次叠加会使画面变灰变脏，画面显得十分沉闷。在进行绘制时应由浅至深、由明至暗逐层深入。在物体的高光区应采用留白的处理方法，绘制时应特别注意对水分的掌握，要充分发挥"水"的特性，表现其变换丰富的画面效果。

水彩可分干画法和湿画法两种。湿画法一般是将纸全部浸湿，在湿纸上作画。这种技法要求下笔大胆肯定、一气呵成，不宜进行反复修改。其优点是颜色能够得到很好的相融，色彩变化丰富。干画法是指通过笔触的叠加表现其画面的层次变化，在用笔触进行表现时应尽量采用概括的手法。

一张好的水彩效果图要求绘制者有较强的基本功和灵活多变的处理手法，在进行表现时按照颜色由浅至深的层次逐步上色。渲染是水彩技法的基本表现手段，主要有"退润"、"平涂"等手法。"退润"不仅有单一颜色的润变，还有两至三种颜色相组合的润变，这样不仅色彩丰富，还能很好地表现出画面的光感、空间感和材质特点。

图 2-2-42 水彩设计表现

喷笔是一种精密仪器，能制造出十分细致的线条和柔软渐变的效果。最早喷笔的作用是帮助摄影师和画家用作修改画面的。但是很快喷笔的潜在机能被人们所认识，得到了广泛的应用和发展。喷笔的艺术表现力，惟妙惟肖，物象的刻画尽善尽美，独具一格，明暗层次细腻自然，色彩柔和。

喷绘技法是当代建筑画绘制中主要的表现方式，随着现代工业技术的不断提高，喷笔已能完全地满足表现图绘制的需要。喷绘的优点很多，它能够十分细腻地表现画面的空间层次，光感与质感过渡得和谐而自然，色彩渐变微妙而丰富。特别是对材质的表现有着近似于逼真的能力。对大理石光滑的质感表现得十分逼真，对木质地板的纹理和倒影刻画得十分生动，对于金属和玻璃的强烈反光表现得准确而到位。

喷笔为深入而逼真地表现物体变化创造了技术条件，它所表现出的细腻变化增强了建筑画的真实感，特别是对天空、灯光、金属、物体倒影等普通工具难以表现的物体提供了技术支持，能够很好地再现这些物体的真实变化，而且具有绘制速度较快、可以适度修改的特点。但喷笔也有其弱点，特别是对较小、较精致的物体表现能力稍差，对物体具体形的表现有一定的模糊性，所以我们在绘制表现图时要把喷笔的表现优势和马克笔、水粉笔的优势结合起来取其长处，为表现画面的效果而服务。

图 2-2-43　喷笔

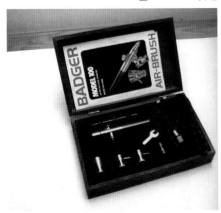

图 2-2-44　喷笔工具

图 2-2-45　喷绘建筑表现

图 2-2-46　喷绘建筑表现

5. 复合型表现技法

复合型的表现技法是将手绘表现的洒脱、自然与计算机的快速、流畅、易修改性相结合，充分发挥二者的优势，创建新颖、丰富的表达效果。通常，我们可以手绘线稿，再辅以计算机上色，将线稿的灵动性与计算机色彩的艳丽、丰富相结合。也可用计算机软件输出线稿，再辅以手绘润色。如用 CAD 软件导出平面线稿或用 3D MAX 软件渲染出立体线框，作为底图，配合手绘方式上色，也会得到独特的表现效果。复合型表现技法逐渐被更多设计师所尝试。

图 2-2-47　拼贴形式复合景观表现　引自 sketch landscape

图 2-2-48

图 2-2-49　计算机润色形式复合景观表现　引自 sketch landscape

图 2-2-50 拼贴形式复合景观表现 引自 sketch landscape
为快速记录、表达设计构思，设计师也通常会将手绘草稿、现场照片、剪切图片以拼贴的形式展现，以有效推演、深化设计构思。

图 2-2-51　复合景观表现　作者：黄镇煌

第三章　景观设计手绘技法基础训练

第一节　透视的表现特征和基本方法

"透视"（perspective）一词的含义就是透过透明平面来观察景物，从而研究物体投影成形的法则，即在平面空间中研究立体造型的规律。因此，它即是在平面二维空间上研究如何把我们看到的物象投影成形的原理和法则的学科。透视学中投影成形的原理和法则属于自然科学的范畴，但在透视原理的实际运用中确实为实现画家的创作意图、设计师的设计目的而服务。所以我们在了解透视原理的基础上更要掌握艺术的造型规律，使二者科学地结合起来。

掌握好透视方法是学习好手绘效果图的关键因素，我们在头脑中的一切设计元素都是通过具体的造型呈现在图面上的，而这些造型的大小、比例、位置都需要通过科学而严谨的透视求出来，而违背了透视法则的错误的表现方式也必定会带给人错误的理解，因此作为表现图的绘制人员必须掌握正确的透视方法，并且能和设计方案的表达完美地结合起来，通过二维空间熟练地绘制三维空间的表现图，并通过结构分析的方法来对各个造型之间的关系进行推敲，使整个图面效果具有空间明确、造型严谨、表现清晰的特点。

透视对于手绘效果图来说非常重要，它直接影响到整个空间的尺寸比例及纵深感。我们应该熟练掌握透视规律，烂熟于心，应用自如。

透视就是近大远小、近高远低，这是我们在日常生活中常见的现象。在园林景观中，由于空间场景较大，透视显得较为抽象，难把握，设计的内容也就不容易表现。因此需要我们利用一点透视、两点透视把这些抽象的平面用很直观、逼真的效果图表现出来。

1. 一点透视

当形体的一个主要面的水平线平行于画面，而其他面的竖线垂直于画面，斜线消失在一个点上所形成的透视称为一点透视。一点透视比较适合表现纵深感的大场面，但它的缺点是呆板，不够活泼。

一点透视也叫平行透视。一点透视其特点是物体一个主要面平行于画面，而其他面垂直于画面。所以绘画者正对物体的面与画面平行，物体所有与画面垂直的线，其透视有灭点且灭点集中在视平线上并与视心点重合，这种一点透视的方法对表现大空间的尺度十分适宜。

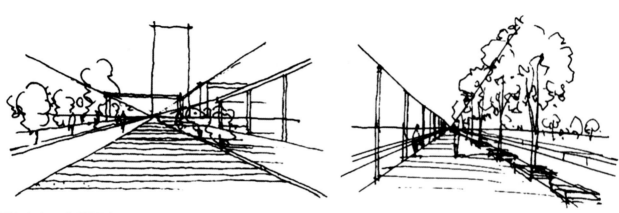

图 3-1-1　一点透视示意

一点变两点斜透视，还有一种接近于一点透视的特殊类型，即水平方向的平行线在视平线上还有一个灭点，这种透视善于表现较大的画面场景。一点透视纵深感强，表现的范围宽广，适于表现庄重严肃的室内空间。因此这些透视法一般用于画室内装饰庭园、街景或表达物体正面形象的透视图。但其缺点是比较呆板，画面缺乏灵活变化。

图 3-1-2　一点透视手绘图　作者：张权

2. 两点透视

当物体只有垂直线平行于画面，水平线倾斜并有两个灭点时，称为二点透视。画两点透视相对比一点透视表现难度大，但画面效果比较活泼、自由，能够较直观地反映空间效果。缺点是如果角度选择不准，容易产生变形。要克服这一点就要将两个灭点设在离画面较远处，以便得到较好的透视效果。

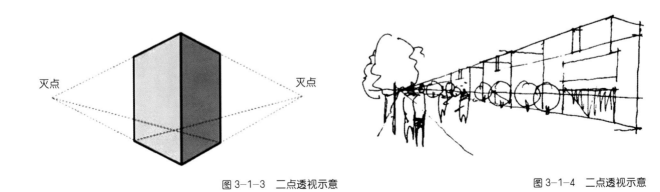

灭点　　　　　　　　　　　　　　　　灭点

图 3-1-3　二点透视示意　　　　　　　　　　　　图 3-1-4　二点透视示意

二点透视也叫成角透视，是指物体有一组垂直线与画面平行，其他两组线均与画面成某一角度，而每组各有一个灭点。因此，成角透视有两个灭点。由于二点透视较自由，灵活反映的空间接近于人的真实感受，易表现体积感及明暗对比效果。

图 3-1-5　二点透视手绘图

3．三点透视

　　三点透视又称"斜角透视"。物体倾斜于画面，任何一条边不平行于画面，其透视分别消失于三个灭点。三点透视有俯视与仰视两种。三点透视一般运用较少，适用于室外高空俯视图或近距离的高大建筑物的绘画，三点透视的特点是角度比较夸张，透视纵深感强。

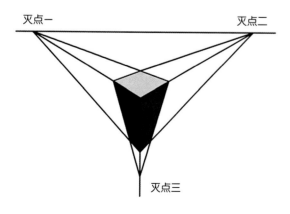

图 3-1-6　三点透视示意

图 3-1-7　三点透视示意

图 3-1-8　三点透视手绘图　作者：马世梁

4. 轴测透视

轴测透视画法是利用正斜平行投影的方法，产生三轴立面的图像效果，并通过三轴确定物体的长、宽、高三维尺寸，同时反映物体三个面的造型。利用这种方式形成的图像称为轴测图。这种透视形式也称为"鸟瞰"透视图，适合俯视大场景效果的表现。

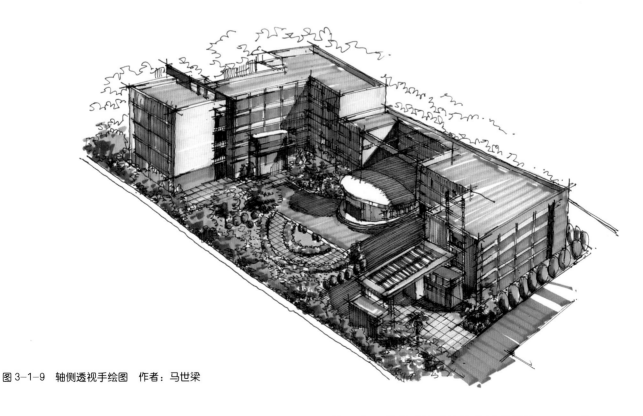

图 3-1-9　轴侧透视手绘图　作者：马世梁

图 3-1-10　轴侧透视手绘图　作者：刘鹤鸣

　　在实际设计中用尺规计算、绘制出的透视图过程复杂，费时较多，一般我们会采用直接徒手绘制透视图，但要求制图者有较强的基本功，能对透视原理进行熟练的应用。在进行徒手绘制时要先确定画面中的主立面尺寸，并选择好视点，然后引出房屋的顶角和地角线，在刻画室内造型及家具时，要从画面的中心部分开始画，并且尽可能地少绘制辅助线，而要学会通过一个物体与室内大空间的比例尺度推导出其他物体的位置和造型，同时要学会把握整体画面关系，在复杂的变化中寻找统一的规律。

第二节　构图基础与应用

构图一般是指："对画面中的构成要素进行合理布局，使之成为一个整体，其中每一部分都能在各自的位置上对整体起到作用，成为服务于整体的必要组成部分。"好的构图能够使画面表达主题突出，视觉效果既生动自然又具备完整的秩序感。

手绘表现图的构图首先一定要表现出空间内的设计元素，并使其在画面的位置恰到好处。所以在构图之前要对方案有全面的理解，选择好视角与视高，待考虑成熟之后可再作进一步的透视图。在效果表现图中的构图也有一些基本的规律可遵循。

1. 主体明确

每一张设计表现图所表现的空间都会有一个主体形象，在设计表现时，构图要把主体物放在最重要的位置，使其成为视觉的中心，突出其在画面中的作用。比如图面的偏中部区域或者透视的灭点方向等，也可以在表现中利用素描明暗调子把光线集中在主体上，加强主体的明暗变化。

图 3-2-1　建筑景观设计

手绘表现图同绘画一样需要主题表达明确，作为快速表现图更是如此，主体物居于画面核心位置，刻画细致深入，其他配景需放松处理，以烘托主题。

2. 画面均衡

因手绘表现图所要表现的空间物体的位置在图中不能任意移动，所以我们要在构图时选好角度，使各部分物体在比重安排上基本相称，使画面平衡而稳定，基本有以下两种取得均衡的方式：

（1）对称的均衡：在表现比较庄重的空间设计图中，对称是一条基本的法则。而在表现非正规即活泼的空间时，在构图上却要求打破对称。一般情况下要求画面有近景、中景和远景，这样才能使画面更丰富、更有层次感。

（2）明度的均衡：在一幅好的表现图中，素描关系直接影响到画面的最终效果。一幅好的表现图，其中黑、白、灰的比例面积是不能相等的，黑、白两色的面积要少，而占画面绝大部分的是灰色。要充分利用灰色层次丰富的特点来丰富画面关系。

图 3-2-2 对称的均衡 作者：王曼琳

图 3-2-3 明度的均衡 作者：张权

3.疏密处理

疏密变化分为形体的疏密与线条疏密或二者的组合，也就是点线面的关系。密度变化处理不好，画面就会产生拥挤或分散的现象，从而缺乏层次变化和节奏感，使表现图看起来呆板、无味，缺乏生动的变化。构图的成功与否直接关系到一幅表现图的成败。不同的线条和形体在画面中产生不同的视觉和艺术效应，好的构图能体现表达内容的和谐统一，并充分体现效果图的内在意境。

图 3-2-4　形体的疏密均衡　作者：张权

图 3-2-5　线条的疏密均衡　作者：张权

第三节　线与面的练习

　　"线"的练习是徒手表现的基础，是造型艺术中最重要的元素之一，看似简单，其实千变万化。徒手表现主要是强调"线"的美感，线条变化包括线的快慢、虚实、轻重、曲直等关系，要把线条画出美感，有气势，有生命力，要做到这几点并不容易，要进行大量的练习。开始可以从直线、竖线、斜线、曲线等练习起，要把线画得刚劲有力、刚柔结合、曲直并用的感觉。我们在手绘训练中先学习画线，然后再画几何形体。其实也可以在一点透视、二点透视的练习中既练习画线又掌握空间比例和透视关系。徒手画线所要求的"直"并不是尺规的"笔直"。徒手表现所要求的"直"，只是感觉大体上"直"，平直有力就可以了。如果像用直尺画的那样机械、呆板，也就没有意义了，因为徒手绘图也是一种艺术表现。

1. 点

　　对于"点"的描述我们可以把它看作一切形态的开始，它是一种空间位置的视觉单位，并具有矢量化的特性，"点"不具备方向性，人们常常利用它的这一特性表现中立或跨空间的定义。"点"的疏密可表现物体的明暗层次关系，丰富画面的立体感，也可以表现物体表面的肌理变化、材质特征。成行的"点"可形成"线"的特征，成组的"点"可形成"面"的感觉，在实际绘图中需要我们灵活掌握运用。

图 3-3-1　"点"在手绘表现中的应用　作者：齐江涛

2. 线

　　在几何学的定义中，"线"是"点"移动的轨迹，"线"是面相交的交界，在笛卡尔坐标系中只有位置和长度而不具备宽度与厚度。

　　"线"是"点"的延伸与扩展，它是"点"的运动轨迹，"线"带有明确的方向性，我们在设计中常常利用"线"的方向指引观者的视线，"线"随着方向的不断改变呈现出丰富的视觉效果。

（1）刚劲挺拔的直线。

在表现图中，直线的手绘技巧强调"线"的连续性、准确性，每一笔"直线"的刻画都应该有目的性，尽可能地做到胸有成竹，而不能断断续续。自信的心态、丰富的经验、未动笔之前的整体考虑是十分重要的。

（2）柔中带刚的曲线。

手绘表现中曲线的运用是整个表现过程中十分活跃的因素。在运用曲线时，一定要强调曲线的张力，画"曲线"时用笔一定要果断有力，一气呵成。同时，线的不同方式、不同方向的运用亦是为了表现不同空间的效果与形态。

（3）纤细柔软的"颤线"。

"颤线"在行笔的过程中速度较慢，这样就为下一步如何画提供了思考的时间。"颤线"可以排列得较为工整，形成各种不同疏密的面，并组成画面中的光影关系，"颤线"是丰富表现图表情的有效手段，受到不少设计大师的青睐。

（4）连续排布的"短线"。

"短线"也是线的一种形式，连续的"短线"也会形成长线的流畅与力度特征，通过"短线"排列的疏密则可表达空间的明暗关系，"短线"也是手绘设计师常用的表现形式之一。

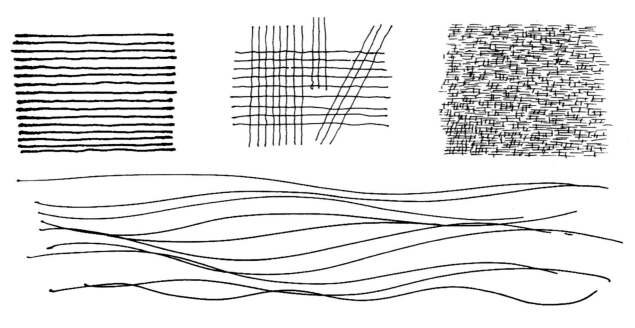

图 3-3-2　直线、颤线、短线与曲线

3. 面

按照几何学中的定义，"面"是"线"移动后的轨迹，线的移动方向必须与线构成一定的角度。"面"具有位置、长度、宽度，但没有厚度。

"面"具备"点"和"线"的一些特征，如：明确的空间位置、长度，同时由于线的移动产生与该线成角度的轨迹，那么就形成了面的宽度。"面"是二维空间最复杂的构成元素，但面不具备三维特征，所以面没有厚度。

"面"构成的完整性与"线"的移动速度、频率、方向、路径都有直接的关系。各种形式的"面"的塑造在实际表达中充分展现着物体的立体感与体量感，使画面更加厚重而充实。

图 3-3-3 "直线"在景观表现图中的应用　作者：马世梁

刚劲挺拔的直线具备明确的方向性和力度，适合表现建筑的结构与形体轮廓，配合植物与山形的曲线变化对比，凸显建筑的挺括美感。

图 3-3-4 马克笔直线润色后的表现图　作者：马世梁

直线为主的线稿润色时，马克笔也应用同样力度的直线性排布用笔，更清晰地体现建筑的空间与体量感。

图 3-3-5 "颤线" 在景观表现图中的应用　作者：周延伟

图 3-3-6 "短线" 在景观表现图中的应用　作者：周延伟

第四章　概念创意的起始——平面构思与规划

第一节　构想创意的产生与呈现

1. 构思与创意的缘起

创意构思是一切设计工作的核心价值所在，好的构思当然需要借助合适的媒材进行记录与表达，才能够充分传达设计的意图，而利用手绘图示传达通常是最普遍、经济，也最有效率的沟通方式。理想的图面表达技巧，不断激发设计师的创意灵感，在不知不觉中协助设计师完成构思与创意阶段的酝酿。利用手绘方式记录、推演、深化平面设计构思，边画边思考，将多种灵感元素融汇于笔下，我们也称之为"概念草图"，许多优秀的设计构思创意就这样诞生于设计师的脑海并落实于纸上。

概念草图是设计师将自己的想法由抽象变为具象的一个十分重要的创造过程。它实现了抽象思考到图解思考的过渡，它是设计师对其设计的对象进行推敲理解的过程，也是在综合、展开、决定设计、综合结果阶段有效的设计手段。

草图在许多设计领域里也都是必需的技术能力。在设计草图的画面上会出现文字注示、尺寸标定、颜色的推敲、结构细节展示等，这种理解和推敲的过程是设计草图的主要功能。优秀的设计师都有很强的图面表达能力和图解思考能力，构思稍纵即逝，所以设计师必须具备快速和准确的速写能力。

图 4-1-1　默菲·约翰设计的德国波恩邮政塔

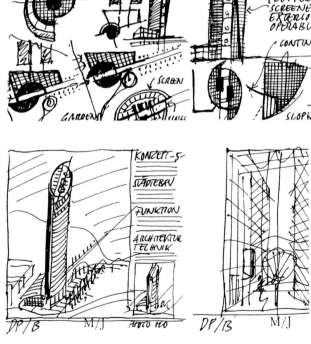

图 4-1-2　邮政塔建筑构思推演草图

利用草图进行形象和结构的推敲，并将思考的过程表达出来，以便对设计师的构想进行再推敲和再构思。思考类草图更加偏重于思考过程，一个形态的过渡或一个结构的确定都要经过系列的构思和推敲，而这种推敲靠抽象的思维是不够的，要通过手绘图示辅助思考。

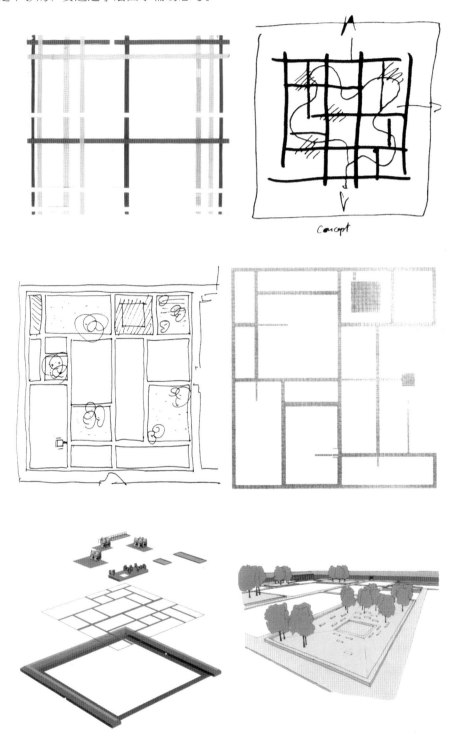

图 4-1-3　场地平面规划设计推演　引自 sketch landscape
场地的平面规划构思来源于蒙德里安绘画的格子构成图案，在此基础上结合场地特征和功能划分，
逐步推演出特色鲜明和功能合理的平面布局形式，草图保证了这一推演过程的有效进行。

平面构思与规划图是景观设计的重要起点，利用构思草图进行形象和结构的反复推演。因此，我们需要向设计大师学习草图语言，大师的草图思考性大于绘画性。设计师的草图更多地是反映思考的痕迹，追求的是解决实际问题的巧妙方法。大师的手绘草图多是对场地和周边环境的分析，对方案创意推演和深化的过程。我们要学习和研究大师草图中体现的思维创意的过程，推敲设计方案形体和周围场地关系的分析方法。

概念设计需要全面的思维能力，在景观平面构思与规划设计中，我们可以尝试在思考过程中运用比较逻辑的思维方式，如联想、移植、组合和归纳的方法来进行设计构思和概念设计。

(1) 联想即是对当前的事物进行综合分析与判断的思维过程中连带想到其他因素的思维方式。扩大原有的思维空间进行联想，从而启发进一步思维活动的开展。设计者不同的知识积淀与思维差异也决定了其联想深度和广度的差异。

(2) 移植是将不同学科的形象因素和方法手段运用到设计领域中，对原有材料进行分析的思考方法。它能帮助我们在设计思考的过程中提供更加广阔的思维空间。

(3) 组合性思维是将现有的现象或方法进行重组从而获得新的形式与方法。它能为创造性思维提供更加广阔的线索。

(4) 归纳是对原有材料及认知因素进行系统化的整理分析，在不同思考结果中抽取其共同部分，从而达到化零为整、抽象出具有代表意义的设计概念的思考模式。

在景观设计中，逻辑思维表现在各个方面，如功能逻辑、结构逻辑、形式逻辑。逻辑思维贯彻设计的全过程，设计的每步都相互关联。设计者在设计活动中应当注意、留心其中存在的逻辑关系，以严谨的态度对待整体与细节。

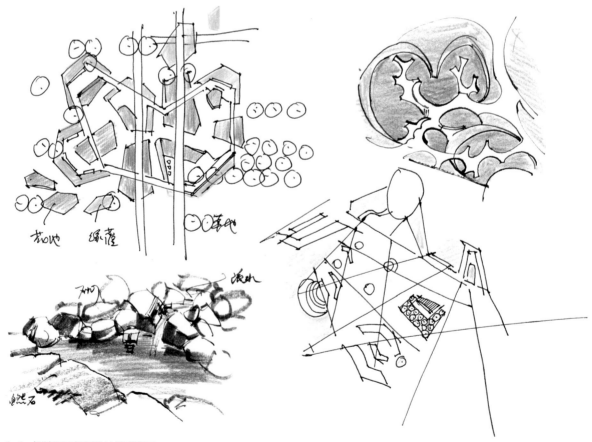

图 4-1-4　场地平面规划设计推演草图

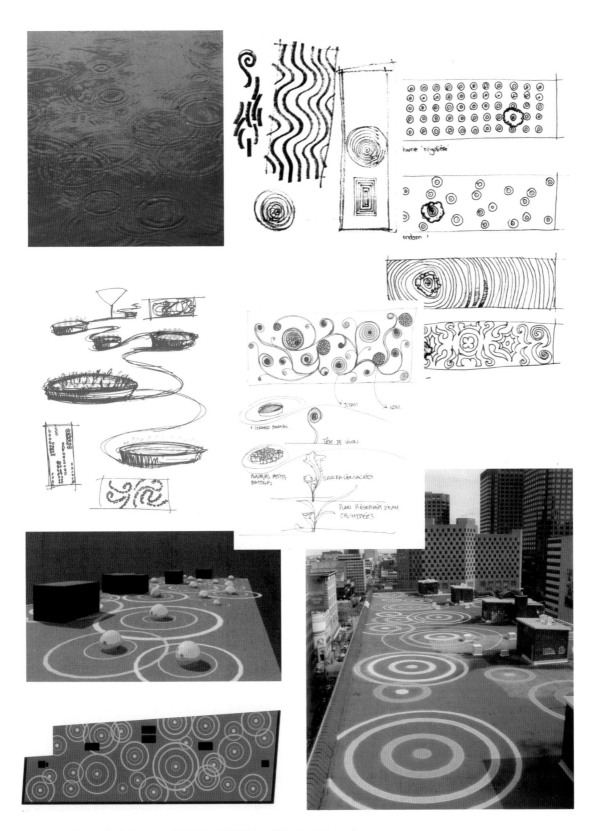

图 4-1-5 加拿大某建筑屋顶景观设计平面构思推演 引自 sketch landscape

场地的平面规划构思来源于水滴落入水中激起的涟漪，设计师抓住这一特征，运用联想、组合、归纳等形式将创意灵感通过草图推演，最终形成了特点鲜明的景观构成形式。

2. 概念创意的梳理整合

平面图是景观设计图中最重要的部分，包括区域空间布局、场地的功能划分、景观节点设计、道路与交通规划等设计要素，这些都需在平面图上反映出来。在项目评审与汇报中，首先要研究平面图，从中发现问题，审视功能与形式的关系，从而提出修改方案的意见。因此设计师在绘制平面图时应该思路清晰，突出设计意图，科学处理功能、交通与绿化的关系，绘制合理的线宽、比例尺寸，重要局部塑造和添加阴影，将构思效果清晰地呈现出来。任何设计都是以解决功能组织问题为前提的，一个好的平面布置图可以一目了然地将方案的整体空间关系表现出来。

概念创意的梳理整合即需要在概念草图的基础上进一步推演、深化，形成理性的设计结果。设计概念的提出往往是归纳性思维的结果。设计概念的运用在于将抽象出来的设计细分化、形象化，以便能充分地利用到设计之中。我们可以借助运用的思维方法有演绎、类比、形象化思维等方法。演绎是指设计概念实际运用到具体事物的创造性思维方法，即由一个概念推演出各种具体的概念和形象，设计概念的演绎可以从概念的形式方向、色彩感知、历史文化特点、民族地域特征等诸多方向进行思考，逐步将设计概念这点扩散演变为一个系统性的庞大网状思维。形象演绎的深度和广度直接决定了设计概念利用的充分与否。

除了理性的思维方法之外，还可以借助于图示思维法、集思广益法、形态结构组合研究法、图解法，这些思考方法应尽量图示化，以便直接转化为设计图。景观平面构思设计包含了多种设计元素，也受到现场条件的种种制约，需要设计师不断地在图纸上推演、梳理、整合，最终形成科学与创意并重的景观平面规划图。

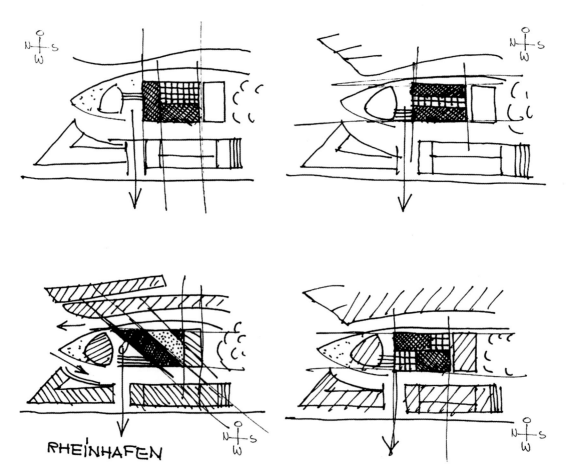

图 4-1-6　在分析场地自然特征、交通状况及限制条件后对平面构思进行梳理整合

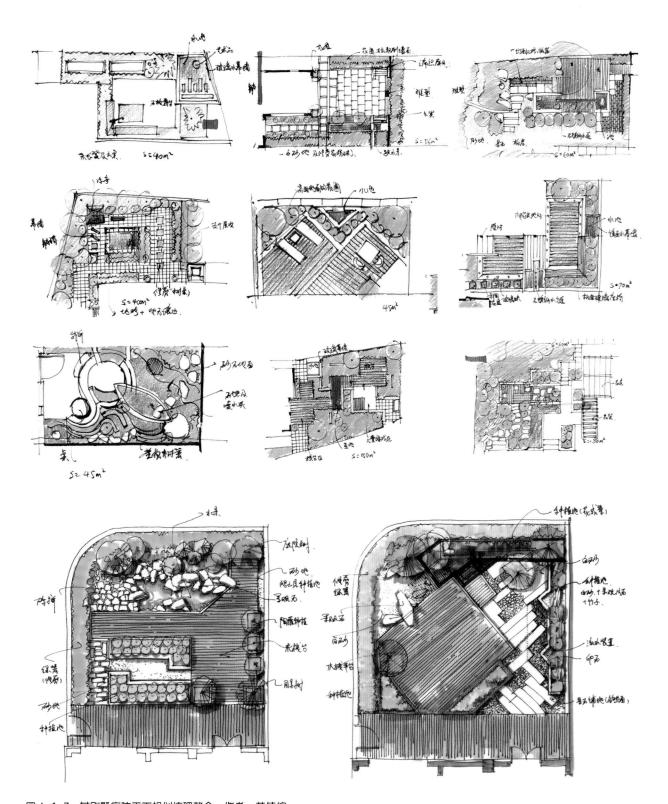

图4-1-7 某别墅庭院平面规划梳理整合 作者：黄镇煌

为形成科学、合理的庭院设计方案，设计师分析了九个类似的设计案例，归纳了三种不同类型的庭院设计方法，在此基础上将概念创意梳理整合，进一步推演、深化，形成理性的设计结果。

第二节　概念的落实与描绘

1. 线与块的交织整合

景观设计平面图的规划设计对整个方案的成败与否起着至关重要的作用，平面规划需要将艺术的感性与科学的理性结合在一起，因此需要边思考边绘制分析图，反复推敲方案规划的合理性。

在绘制构思分析图时，功能分区与交通动线是最重要的两个方面，落实到图纸上就是线与块的交织整合。功能分区与交通动线需同时考虑，并配合适当的符号表达方式。构思分析图的传达重点在于能够迅速直观地将空间概念传达展现。活动空间与交通动线是景观空间设计中最明显也最直接影响设计内容的关键要素。因此，在绘制构思分析图的时候，除了兼顾建筑物、水域、市政道路之外，应先将活动空间的功能区块和基本主次交通动线明确下来，空间与动线确定之后，再丰富关键的景观节点、活动区及休闲支路，同时可标注相关的文字说明，即成为有效的景观设计平面构思分析图。

"块"主要是指——功能区块

对于场地的设计，重要的是功能分区的界定。这些功能分区图暗示临近关系和最终解决的可能性的安排。功能分区图是在平面图的基础上以线框按概略的方式画出不同功能性质的区域，并在图的空白处标注清楚分区的名称。

正确的表达方法是在绘图时用具有一定宽度的虚线（也可以用实线）将区域作概括的框选，然后在内部填充上较透明的色块。每个分区框线和填充色都是同种色彩，各个不同分区用不同色彩加以区分，再用图例在空白处标注出来。

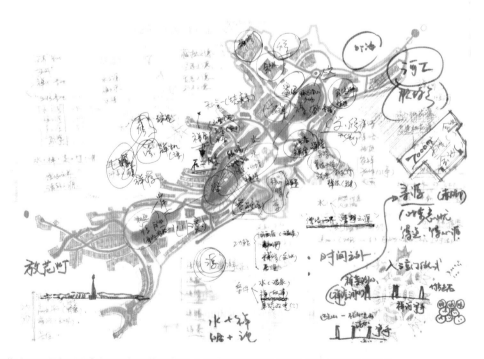

图 4-2-1　江西仰山国际温泉禅修中心景观规划构思草图（天津桑菩景观艺术设计有限公司设计项目）

景观平面规划设计草图是整体设计思考的落实，是诸多设计要素综合考虑的结果，设计师可先记录要点再绘制，边绘制边修改，反复思考推演。

"线"主要是指——交通流线

交通流线是在平面、剖面或三维画面图解中二维地描绘使用者的动作路线和流向的路径。其动作可以是水平的或垂直的，动作开始的地方叫作结点。一个结点就是其他图解符号的中心点。在图解上，我们经常看到由运动的线连接的结点（中心点或集中点）。

一般来说，在绘制这种交通分析图时，应当明确分清基地周边的主次道路、集散广场、主要的车行和人行交通的组织及方向，然后用不同的图例将其表达出来。

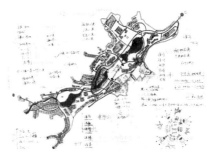

图 4-2-2　反映不同思考过程的构思演变草图

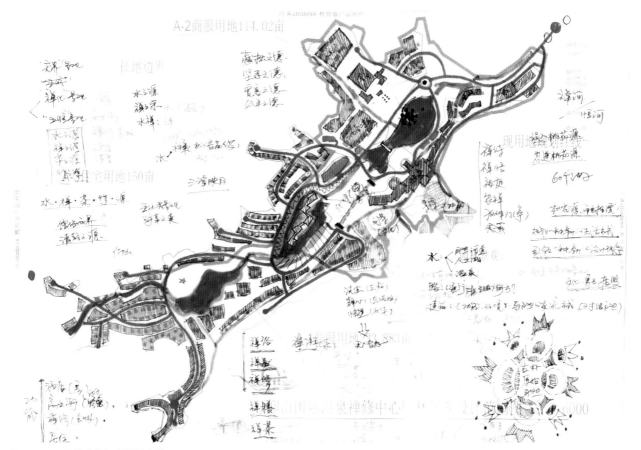

图 4-2-3　区域功能与交通整合草图

规划草图着重反映了使用功能与交通路线的设计思考，不同的功能用不同颜色的色块表示，用不同粗细的交通路线将其连接，线与块的交织整合更清晰地展现了功能划分与交通组织的合理与否。

正确的表达方法需要注意在绘图时运用规范的符号，一般常规的画法是采用点划线结合箭头标示出路线的两端走向，道路容量与级别的不同采用不同的宽度，通常主干道采用最粗的线条，次干道、支路、行人步道等逐渐变细，且用不同颜色加以区分，再用图例在空白处标注出来。通常状况下，我们可用透明拷贝纸或硫酸纸来"蒙图"描绘流线分析图，便于进行反复多方案的推敲。无论使用哪种表现方式，都要力求使分析图清晰易读，让自己和甲方一目了然地把握建筑与环境的关系，了解设计意图。

一张优秀的构思表现图，必须是将科学合理的功能布局与具有创造力的构思想法相结合，这样才能呈现精彩的、打动人的平面设计效果。

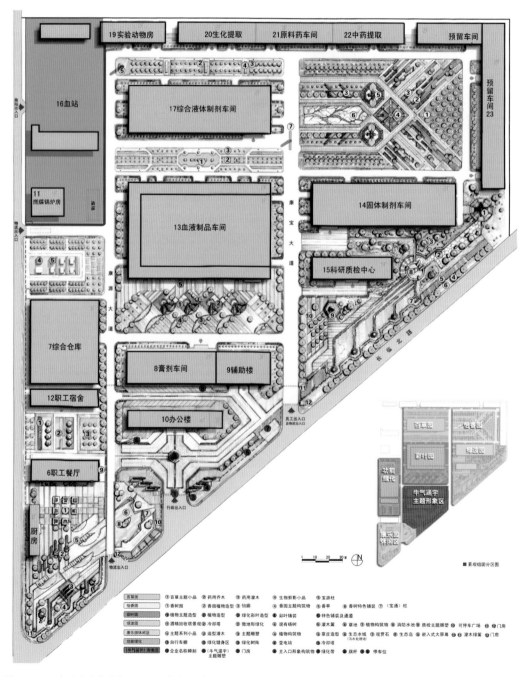

图 4-2-4　山西康宝集团新厂区景观规划设计平面图（天津桑菩景观艺术设计有限公司设计项目）

线与块的交织整合最能突显设计价值的部分就是主题创意，而这些创意源自于各方面的灵感和文化上的积淀。设计师首先必须寻找到能够感动自己的元素，再将这些打动自己的元素转化成具体的形式或符号呈现出来。设计元素的来源需要在综合分析设计要求、场地特点、地域人文特色、自然环境优势的基础上发散创意思维，整合推演形成。

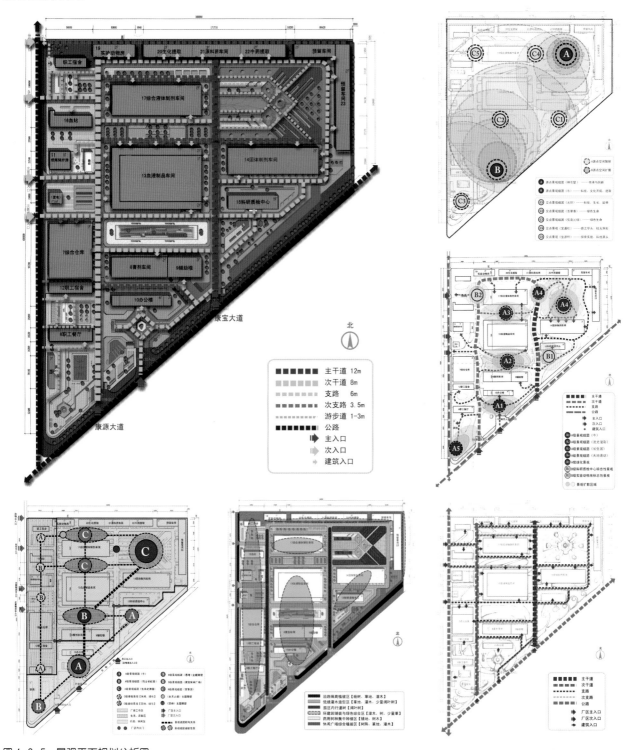

图 4-2-5　景观平面规划分析图
景观平面规划分析图包括功能与交通分析、景观节点分析、植物配置设计分析等，清晰的分析图有助于平面规划科学、合理的推演。

2.色彩的应用

在设计表现中应先决定较大面积区域的色彩，再处理小面积、细部的内容。大面积的色块强调了最主要的功能布局，相对于整张画面而言，无疑是关键性的基调，对整体画面的稳定性意义重大。小面积的区域、节点，就图面而言起到了装饰点缀的效果。

色彩的应用可以用来明确区分功能、动线、区域划分以及景观构成层次等，宜用纯度较低的色彩作为主色调，确保整张画面的协调与柔和，细部地区可应用鲜艳的颜色予以点缀。

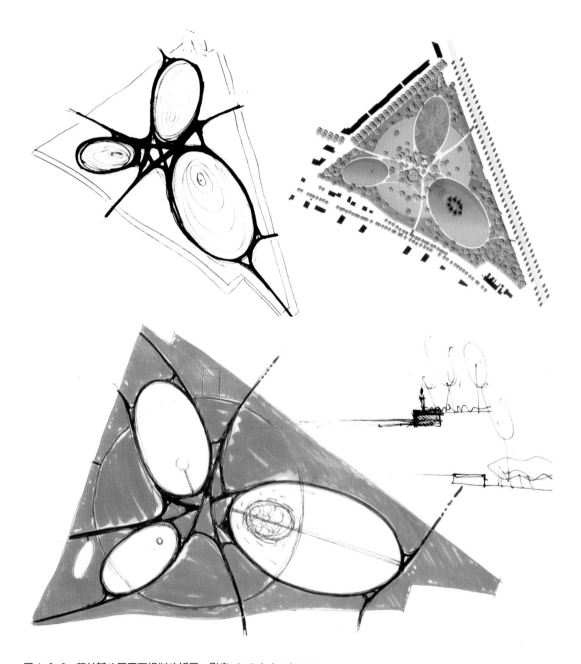

图 4-2-6　荷兰某公园平面规划分析图　引自 sketch landscape
简易色彩的使用能更清晰地反映规划设计的合理与否，有助于设计师更有效地推敲与研讨设计方案。

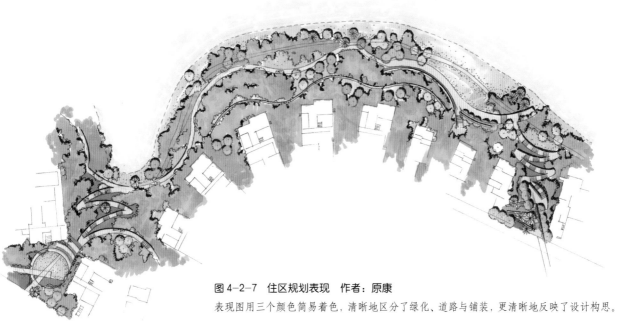

图 4-2-7　住区规划表现　作者：原康

表现图用三个颜色简易着色，清晰地区分了绿化、道路与铺装，更清晰地反映了设计构思。

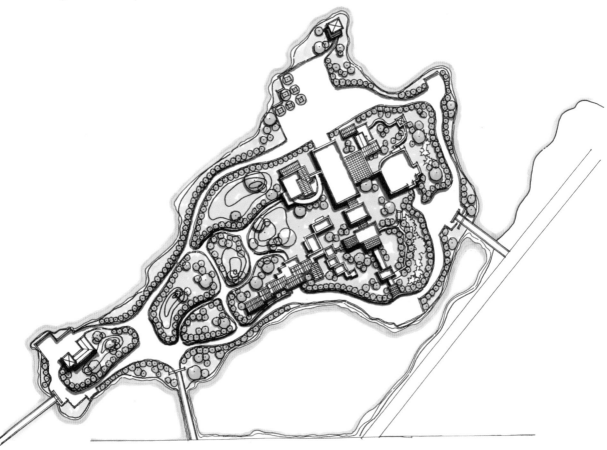

图 4-2-8　度假区规划表现

平面规划图只用了一种深浅不同的绿色进行着色，更清晰地区分了道路与绿化的设置，对于讨论规划的合理与否有极大的帮助。

3. 图文的生动配合

景观设计平面构思图可以是丰富而充分的，除了线与块之外，可以搭配简明的文字说明和箭头图形的指示，从而增强图面说服力。但是文字标注的引线不能随便乱放，要有一定的章法可依，它会间接透露出绘制者的逻辑思维能力、布局章法和基本的线条绘制能力。在实际设计中，景观设计平面构思图的绘制与标注需要主创设计师亲力亲为，边绘制边记录，也可通过硫酸纸"蒙图"的办法来绘制，以便于反复推敲与修改。

有时，我们也乐于将绘制平面构思时的透视与细节设计灵感记录于平面图的旁边，使设计构思更加清晰，使整个设计方案思路明确且能多维同步推进。当然，通过临摹、拼贴的办法在平面图旁边记录设计灵感也是同样有效的方法。

在实际项目操作中，通过多种方式记录与推演设计思维，融通各种传达的手法还是十分重要的，单一的手法经常不能充分、完整地说明概念，通常必须结合符号、色块、文字、插图等元素共同表现。

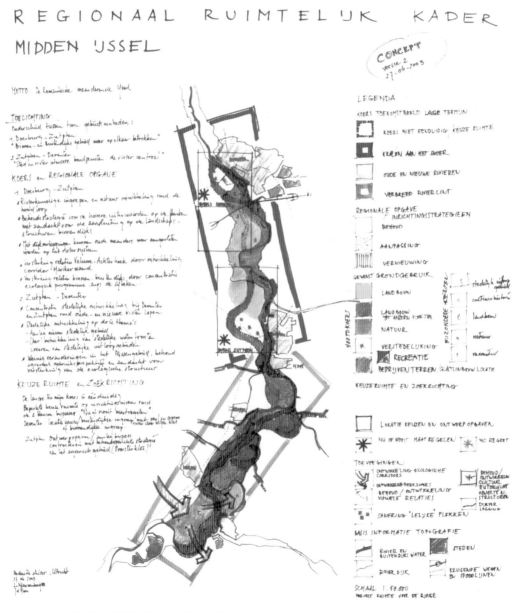

图 4-2-9　生动的图文结合的景观规划草图　引自 sketch landscape

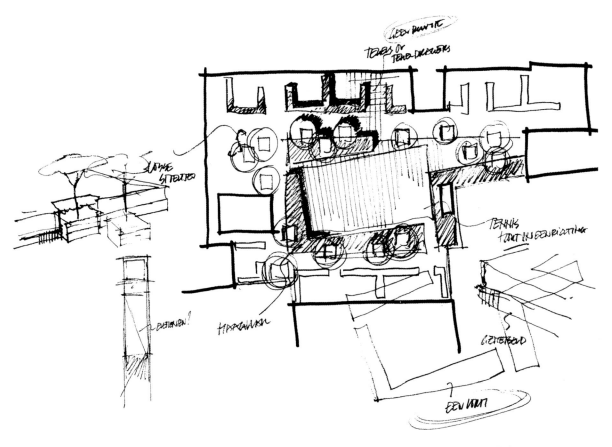

图 4-2-10　图文结合的建筑设计平面图　引自 sketch landscape

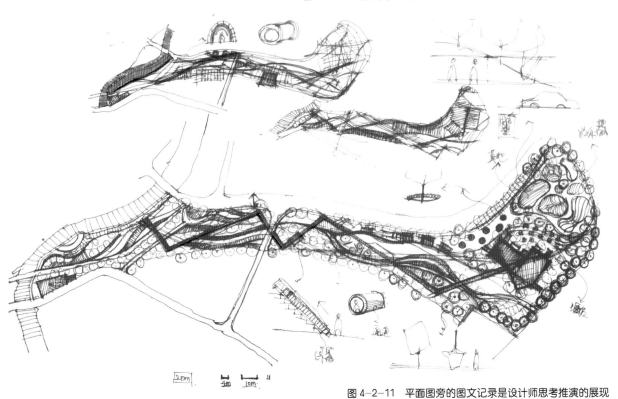

图 4-2-11　平面图旁的图文记录是设计师思考推演的展现

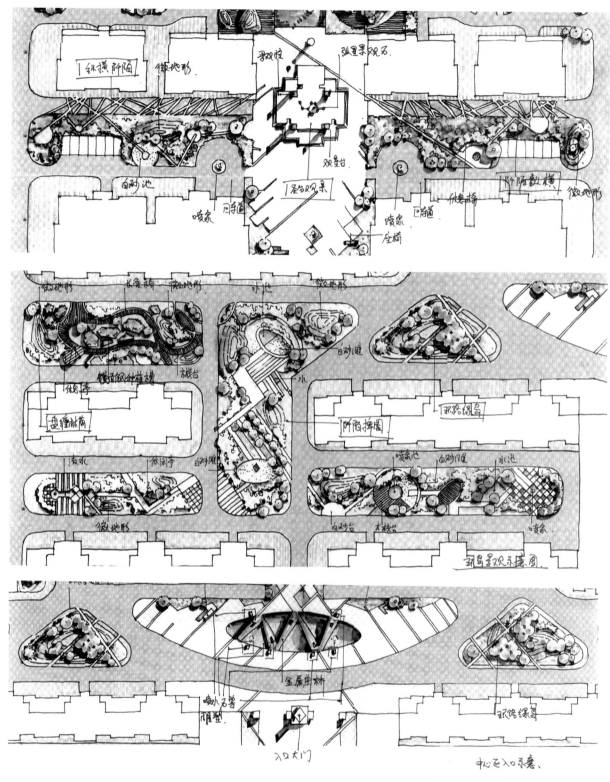

图 4-2-12 住区景观规划设计草图 作者：黄镇煌

平面规划草图是逐步的推演、思考的记录，重要的景观节点和设计要素可以用文
字的形式在草图中标注，更有助于设计思考的推进。

第三节　深化平面配置图推演

1. 深化平面配置图的构成要素

在任何环境景观设计的领域中，平面配置设计图都是决定规划设计成败的最重要因素。因此，平面设计图精彩、科学的成功绘制是迈向设计表现成功的一大步。有了合适的平面配置图之后，才得以进一步展开后续的立面图、剖面图与效果表现图的设计绘制。

景观空间中的元素包括树木、灌丛、草地、水体、道路、构筑物、设施物和人物、车辆等，深化平面配置图需要将这些构成要素清晰明确地表现。构成要素的表达方式也多种多样，彩色铅笔、马克笔、水彩等，都可以作为平面图表达的手法，设计者也可综合运用，以表达层次清晰、明确为主要目的。一般来说，优秀的平面设计表现图应具有以下四个特点：

（1）构成要素的清晰明确。

能够明确表达出平面构思设计图的具体内容，如：树木、灌丛、草地、水体、道路、构筑物、设施物等构成要素。

（2）立体层次的展现。

虽为平面规划设计，但更需表现景观竖向的层次变化，这主要是透过光影及暗面的运用，将空间感和立体效果强调出来，这样的平面图才更明确、丰富和吸引人。

（3）色彩应用的统一和谐。

景观设计平面构思图虽然是设计图纸，但仍需考虑整体色调的统一和谐，保证图面观感的清晰明确。配色质感应符合设计项目的主题或特征，并与整套图纸风格特色相统一。

（4）图文并置的思考。

为了更清楚地表达平面设计内容，还应适当地将设计内容以文字符号方式明确标示出来。有些更为详细的设计图也会把具体的材料、做法注释于平面设计图中，完整展现设计方案。

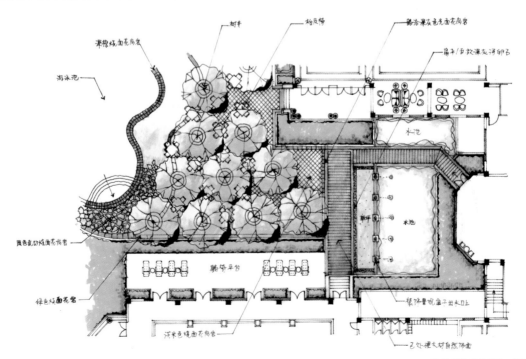

图4-3-1　泳池露台平面图　作者：汪久洁

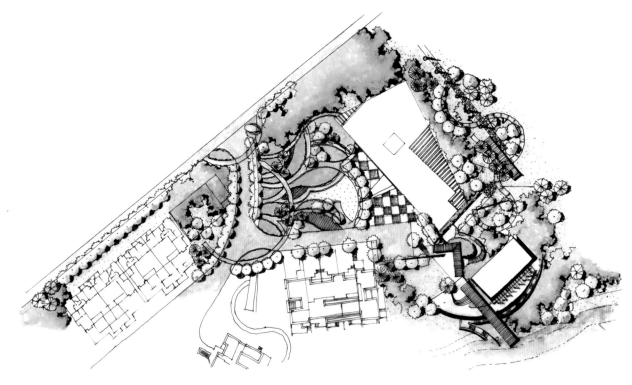

图4-3-2 住区景观平面设计图 作者：汪久洁

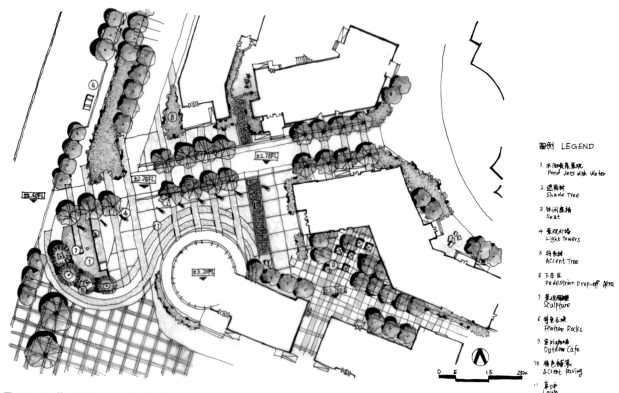

图例 LEGEND

1. 水池喷泉景观
   Pond Jets with Water
2. 遮阴树
   Shade Tree
3. 休闲座椅
   Seat
4. 景观灯塔
   Light Towers
5. 特色树
   Accent Tree
6. 下车区
   Pedestrian Drop-off Area
7. 景观雕塑
   Sculpture
8. 特色石块
   Feature Rocks
9. 室外咖啡
   Outdoor Cafe
10. 特色铺装
    Accent Paving
11. 草坪
    Lawn

图4-3-3 住区景观平面设计图 作者：孟雯迪

平面规划草图逐步成熟之后可以在此基础上绘制正式的平面设计图，选择适当的比例尺度，正确地绘制平面元素图例，辅以色彩润色处理，丰富平面图纸的层次性和清晰度，重要的功能区域名称可引出或标于平面图旁边。

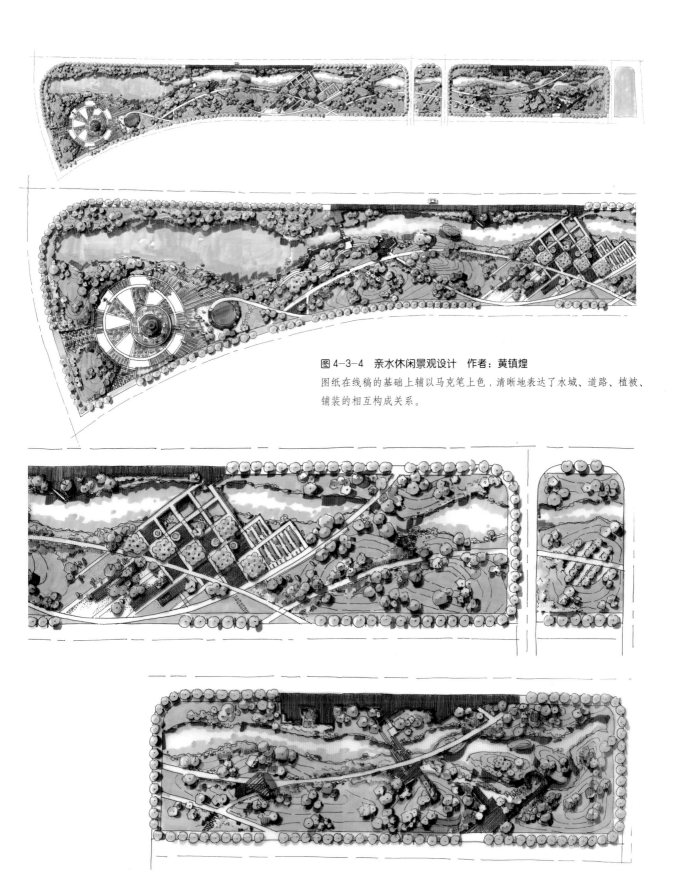

图 4-3-4 亲水休闲景观设计 作者：黄镇煌

图纸在线稿的基础上辅以马克笔上色，清晰地表达了水域、道路、植被、铺装的相互构成关系。

图 4-3-5 亲水休闲景观设计（局部放大图）

2．平面配置图的层次与美感

平面图中元素的表现要选用恰当的图例。所选图例需要美观简洁，以便于绘制，其形状、线宽、颜色以及明暗关系都应有合理的安排。平面图上也要层次分明，有立体感、统一感、整体感。图中重要场地和元素的绘制要相对细致，而一般元素可以简单绘制，以烘托重点并节约时间，主次明确。总图上能区分出乔灌木、花草植被即可，不需要把单株树或局部配景的效果画得很精致，否则会耗时太多，而且会削弱图面的整体效果，因为平面图同透视效果图一样，主要是为了传达设计构思而非单纯的视觉效果，良好的设计配合恰当的平面表现，一定会赢得甲方的信任。因此，对于成功的设计师来说，能做出优秀的景观设计，也必须能绘制出精彩、清晰、明确的平面构思图和透视效果图。

在平面草图的基础上，需要将方案进一步进行调整和细化，将空间中的各组织元素准确清晰地表现出来，此时的各部分尺度大小一定要符合比例要求，同时空间平面的结构形式要完整和清晰。从方案角度讲，设计重点突出，空间组织有逻辑，所以此时的图面能很好地反映出景观的设计结构，图面要求硬质景观区域（如场地、道路、构筑物）和软质景观区域（如植物种植区、水域）等区分明显，图面清晰完整。

平面图表现时层次应明确，在布置科学合理的前提下，首先要考虑平面图的立体空间感，构成要素清晰明确。其次，要保证整个图面的色彩统一协调、明朗，材质的质感肌理可最后体现，保证设计表现的深入完整及细节丰富。平面设计图虽为"平面"，但在配置表现的手法中，必须设法将基地空间及景观元素的高低层次关系说明清楚，这是一幅优秀平面表现图的重中之重，完整的投影及阴影处理是平面配置表现成功的关键。

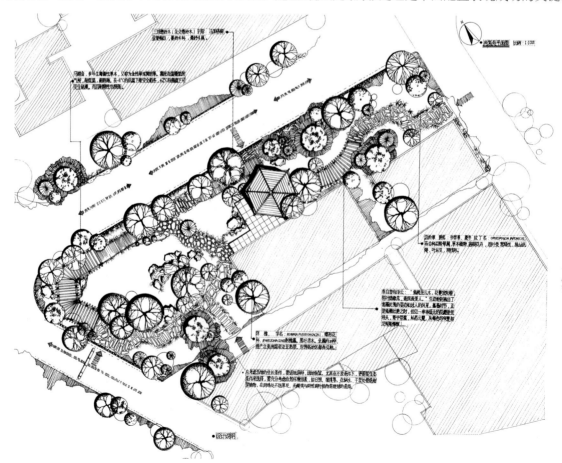

图4-3-6 层次清晰的休闲景园平面设计线稿 作者：张杰

图 4-3-7　江西仰山国际温泉禅修中心禅浴区景观规划设计平面图　作者：黄镇煌　齐海涛
此设计方案图为第二次方案汇报时的设计成果，图面将空间中的各组织元素准确、清晰地表现出来，比例适中，空间组织有逻辑，画面色彩统一，能够很好地反映出景观的设计结构。

第四节　平面配置图的色彩魅力

1. 色彩的应用方法与原则

平面构思图线稿绘制完成以后，即可进入上色阶段，色彩绘制的步骤和线稿绘制过程基本一致，首先将硬质的铺地、道路等绘制颜色，颜色需要通透、干净、稳重，纯度不要太高，色系大体上保持一致，这里需要考虑硬质铺装的原本属性和与之对应的具体色彩效果。种植区域上色的时候，先将草地区域进行铺色，然后绘制花灌木，最后画乔木。绘制乔木时，部分颜色变化比较大，因此可以在其他植物都完成的时候根据整体进行参考，这样把握色彩相对容易一些。

平面构思图上色时，整体色调的把握也是需要着重考虑的问题，这需要根据项目设计主题的特征加以呼应诠释。比如：在居住区景观设计平面图中，整体色彩偏向暖色，以温馨、舒适为主要色彩感觉；在厂区、园区的景观项目平面图中，需要能体现出工业科技的色彩感，冷静、理性和简约是基本方向，像紫灰、蓝灰等色彩都是可以选择的调子；而在儿童乐园或主题乐园的景观项目中，活泼、想象就成为基调，可以色彩丰富、鲜艳、跳跃。

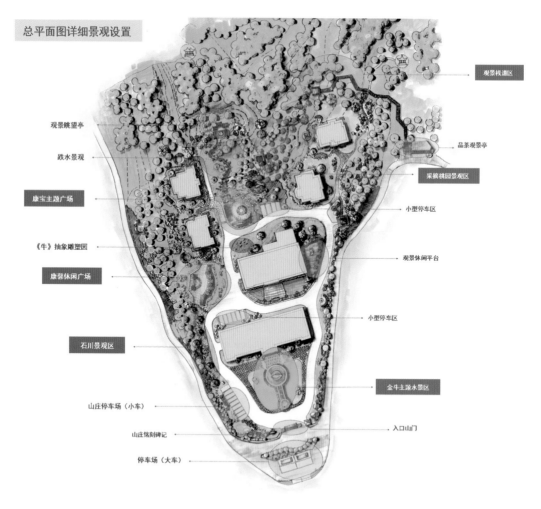

图 4-4-1　度假庄园景观设计平面图　设计、绘图：齐海涛
此项目为山区度假庄园景观设计，图纸在着色表现上以马克笔为主要形式，辅以彩铅调整，整体色调统一，层次表现清晰。

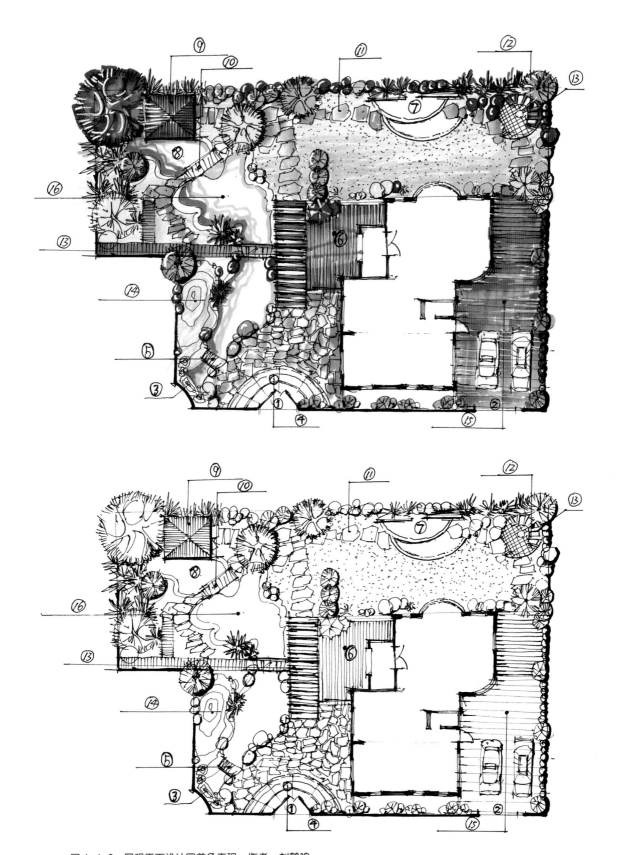

图 4-4-2 景观平面设计图着色表现 作者：刘鹤鸣

设计图在手绘线稿的基础上用马克笔和彩铅作为主要的着色方式，并辅以白笔提亮，调高图面的清晰度与表现力。

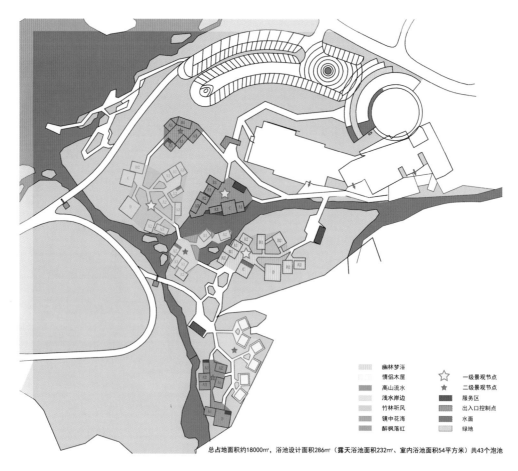

幽林梦浴
情侣木屋
高山流水
浅水岸边
竹林听风
镜中花海
醉枫落红

☆ 一级景观节点
★ 二级景观节点
服务区
出入口控制点
水面
绿地

总占地面积约18000㎡，浴池设计面积286㎡（露天浴池面积232㎡、室内浴池面积54平方米）共43个泡池

图4-4-3　景观功能构成分析的着色形式　作者：黄镇煌

此设计图为平面功能构成分析图，着色简洁明了，在统一色调中能够清晰看出各功能区块的构成关系。

图4-4-4　住区景园平面设计图着色表现　作者：韩俊龙

此表现图采用马克笔与彩铅结合的形式，以暖色作为基调氛围，图纸细部刻画较为深入，特色铺装细节表达清晰。

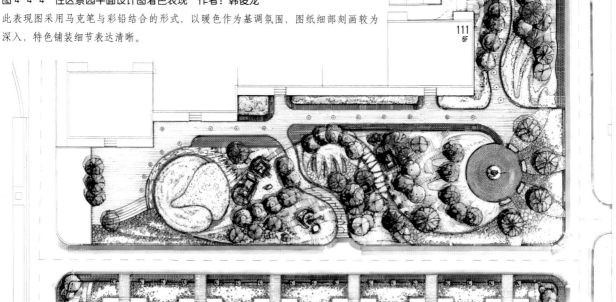

111
6F

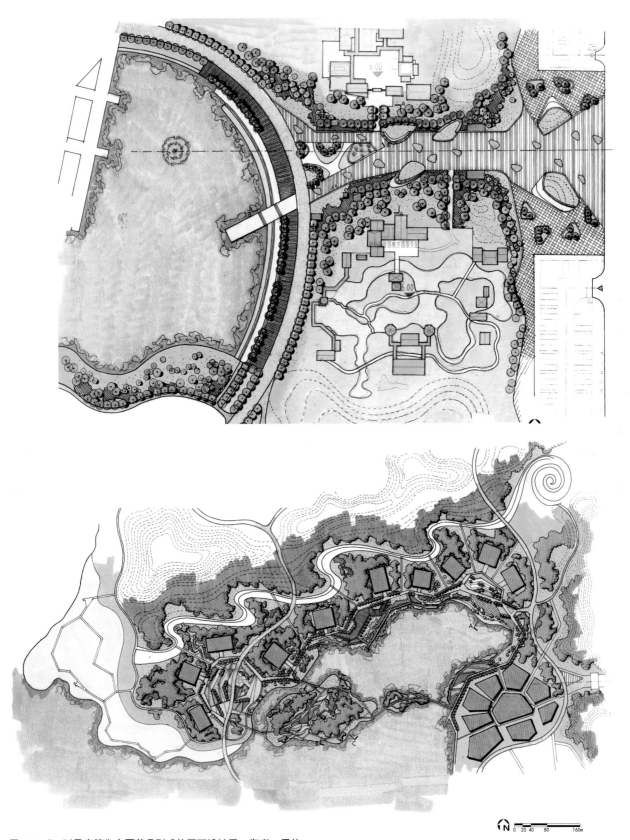

图 4-4-5　以马克笔为主要着色形式的平面设计图　作者：于伟

两幅方案图以钢笔和马克笔作为表达形式，充分发挥马克笔颜色艳丽、通透的特性，画面表达清晰、明朗。

2. 着色的灵活形式

中国画强调巧留"虚白"的意境，事实上正是一种主观营造出来的"未完成效果"，又如佛家的最高境界是"忘言"，也就是无声胜有声。灵活着色或是简易上色，让观赏者从作品中感受一种虚幻缥缈的美感，进而牵引出更为无限的想象力。

一张景观设计平面图的色彩，也可以适当考虑留白的手法，一般情况下可以将建筑留白，甚至将植物中的乔木留白，只要整体关系明确即可，留白不表示没有画完，而是一种色彩概括和省略的绘制手法，这是设计中简单上色的基本手法。同时重点局部的颜色需要绘制得鲜艳一些，这样可以起到丰富色彩、提亮画面的作用。

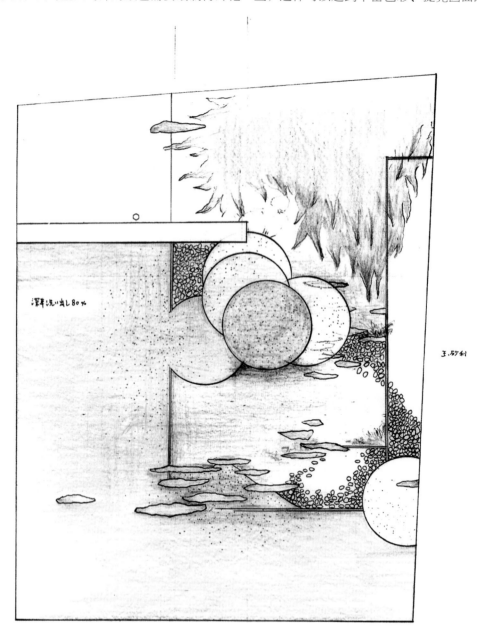

图 4-4-6　庭院设计平面图

表现图采用极简的着色形式，用两三种色彩彩铅表达出清晰的设计理念和独特的意境氛围。

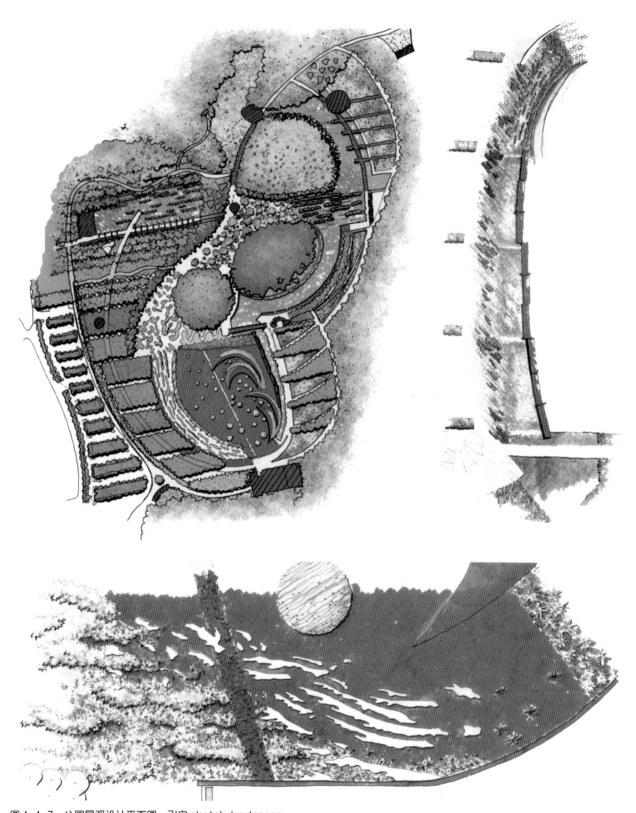

图 4-4-7　公园景观设计平面图　引自 sketch landscape
与我们看到的常规景观平面设计图不同，作者以绘画的方式用简单的色彩描绘出平面的层次肌理，配合适当的留白处理，使图面更具美感与吸引力。

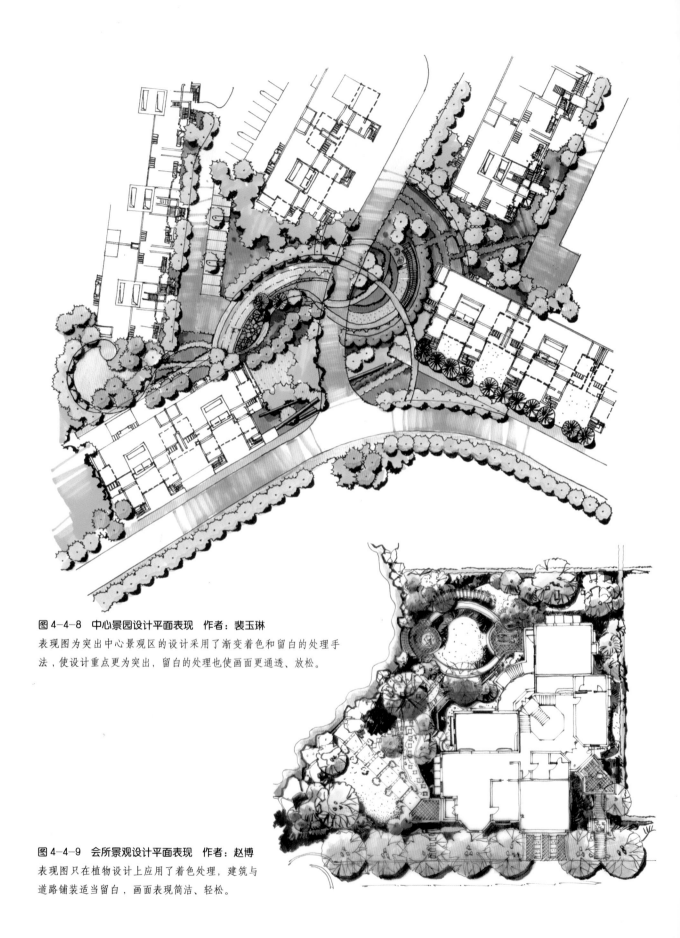

图 4-4-8 中心景园设计平面表现 作者：裴玉琳

表现图为突出中心景观区的设计采用了渐变着色和留白的处理手法，使设计重点更为突出，留白的处理也使画面更通透、放松。

图 4-4-9 会所景观设计平面表现 作者：赵博

表现图只在植物设计上应用了着色处理，建筑与道路铺装适当留白，画面表现简洁、轻松。

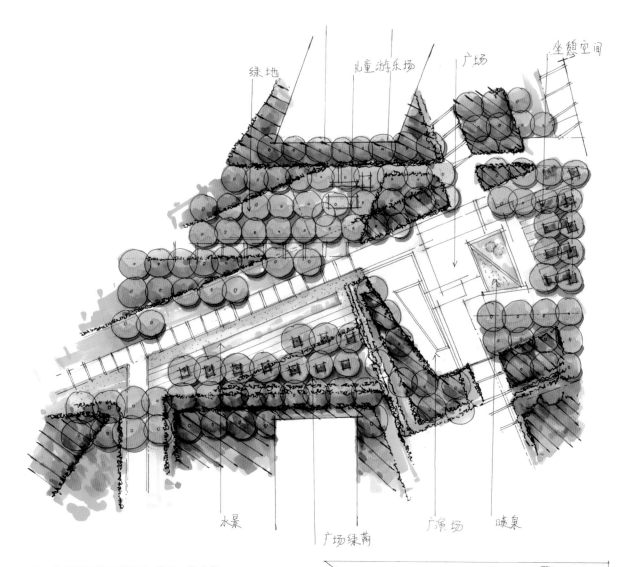

绿地　　儿童游乐场　　广场　　坐想空间

水景　　广场绿茵　　广演场　　喷泉

图4-4-10　休闲景园设计平面图　作者：韩志华
此幅表现图的着色较为概念，作者尝试用更为单一的马克笔颜色
进行着色，把绿植表现作为画面的重点，其他部分适当忽略，画
面效果更加纯粹与简约。

图4-4-11　别墅景园设计平面图　作者：武玲玲
平面图着色表现其实并没统一的标准程式，表达清晰、明确即可，
设计者可根据自己的设计理念或场地特点采取不同的着色形式，
充分表达设计方案。

第五节 优秀景观平面配置图观摩与借鉴

禅源区平面设计方案

① 景区主干道	⑥ 片石景观	⑪ 沙滩石阵	⑯ 供石阵	㉑ 原有保留建筑
② 沿河广场	⑦ 堤坝码头	⑫ 祖庭服务区	⑰ 叩竹涤虑	㉒ 景观湖面
③ 沿河休息区	⑧ 竹林景观	⑬ 祖庭苑	⑱ 禅源区出口	㉓ 观景平台
④ 禅源区主入口	⑨ 高尚居住区	⑭ 河堤休息区	⑲ 河道叠水	㉔ 沿河休闲区
⑤ 禅源区服务亭	⑩ 净手池	⑮ 景观地形	⑳ 景观平台	㉕ 酒店VIP区

禅源区位于基地的西南方，规划面积约3800㎡，东高差约为12m。该区域以禅之源即氧温泉的祖庭源与心之源的溯源之地，强调自然如诗的景观特质，由精巧为设计理念。

图4-5-1 江西仰山国际温泉禅修中心禅源区景观规划设计 （天津桑菩景观艺术设计有限公司设计项目） 设计、绘图：马世梁 齐海涛

功能分区特征及景观设施

区域流线分析

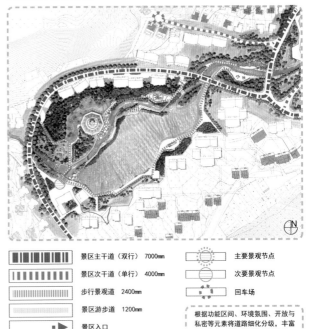

入口形象区:	古朴	自然	合理	清晰	挡墙、构筑物、停车场、服务亭等
沿路景观带:	幽玄	静谧	入境	体验	竹林、石灯、片石等
主题景观区:	开放	雅致	主题	人文	祖庭苑、沙海石阵、净手池
休闲景观区:	独立	舒适	观景	休闲	沿河码头、休息广场等
景观小品:	意趣	愉悦	丰富	观赏	叩竹涤虑、供石阵等
保留建筑:	古朴	民俗	记忆	痕迹	原有民居

▬▬▬▬▬	景区主干道（双行）7000mm	▭	主要景观节点
▬▬▬▬▬	景区次干道（单行）4000mm	▭	次要景观节点
▬▬▬▬▬	步行景观道 2400mm	▭	回车场
▬▬▬▬▬	景区游步道 1200mm		
►►►	景区入口		
►►►	景区出口		

根据功能区间、环境氛围、开放与私密等元素将道路细化分级，丰富空间层次，增加景区的山地特质。给人带来舒适感与丰富的体验。

图 4-5-2　景区设计平面功能与交通流线分析图

图 4-5-3　景区设计模型表现图

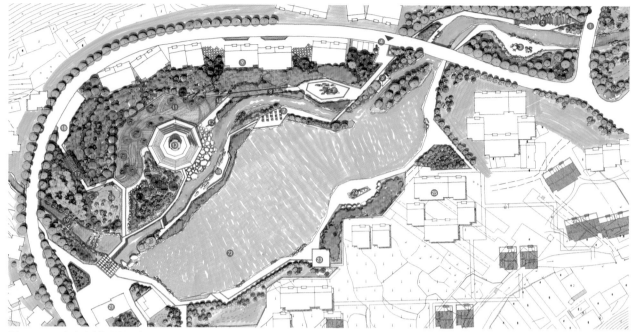

图4-5-4 中心区域景观设计平面图

景观构成分析

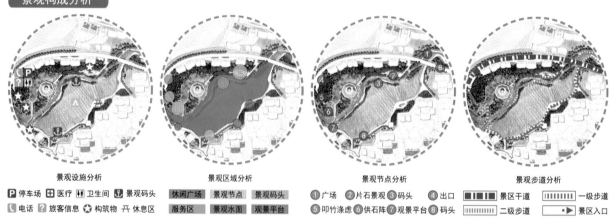

景观设施分析　　　　　景观区域分析　　　　　景观节点分析　　　　　景观步道分析

🅿停车场　🏥医疗　🚻卫生间　⚓景观码头　　休闲广场　景观节点　景观码头　　①广场　②片石景观　③码头　④出口　█▌█▌景区干道　║║║║一级步道

📞电话　❓旅客信息　⭐构筑物　开休息区　　服务区　景观水面　观景平台　　⑤叩竹涤虑　⑥供石阵　⑦观景平台　⑧码头　║║║║二级步道　◁▶景区入口

景观节点透视

沿河栈板　　　　　　　　　　　　水生植物

竹径　　　　　　　　　　　　河堤码头　　　　　　　　　　　　片石

图4-5-5 中心区域景观构成分析图及设计模型图

图 4-5-6 禅源区祖庭苑设计平面图

景观构成分析

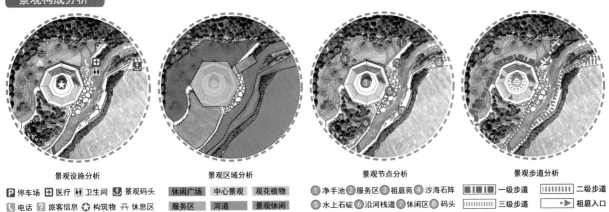

景观设施分析　　　　　　景观区域分析　　　　　　景观节点分析　　　　　　景观步道分析

🅿 停车场　🏥 医疗　🚻 卫生间　⚓ 景观码头　　　休闲广场　中心景观　观花植物　　　①净手池 ②服务区 ③祖庭苑 ④沙海石阵　■■■■ 一级步道　⫼⫼⫼⫼ 二级步道

📞 电话　❓ 旅客信息　✪ 构筑物　卉 休息区　　　服务区　河道　景观休闲　　　⑤水上石碇 ⑥沿河栈道 ⑦休闲区 ⑧码头　⫼⫼⫼⫼ 三级步道　▸▸ 祖庭入口

图 4-5-7 禅源区祖庭苑设计分析图及模型图

此套方案包括整体区域设计和重点区域细化设计及其相关的平面分析图，较为清晰地说明了一套完整设计方案的平面表现流程，配合模型效果图，使平面设计构思的表达更为清晰、明确。

第五章　竖向构思的形成——剖立面组织与设计

第一节　构想创意的产生与呈现

1. 构思与创意的缘起

如果说景观设计平面图是对环境空间功能关系的理性思考与布局规划，那么景观剖立面图则更多地注重对环境空间的感性视觉造型分析，反映空间立体的造型轮廓线、设计区域各方向的宽度、建筑物或者构筑物的高度尺寸、地形的起伏变化、植物的立面造型高矮和公共设施的空间造型、位置等要素。立面图强调各景观点的构思、构图和造型效果，比如风格样式、比例尺度、色彩搭配、材质选择以及内在的构造关系等。立面图能体现出地形走势和造型的结构性，是设计的难点和要点，也是最容易出效果的地方。

因此，平面规划布局基本完备之后，我们便开始着手剖立面图的绘制，有时也会在平面设计图绘制的同时将立面设计构思记录于平面图纸上，作为最终成图的构思与创意的缘起。

图 5-1-1　马里奥·博塔设计的旧金山现代艺术博物馆立面设计构思

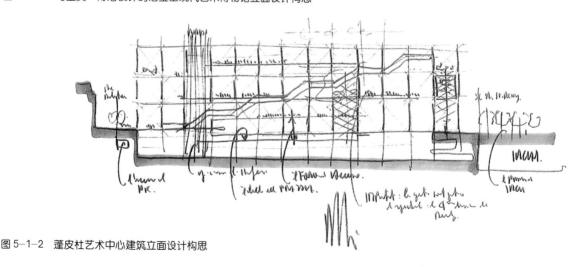

图 5-1-2　蓬皮杜艺术中心建筑立面设计构思

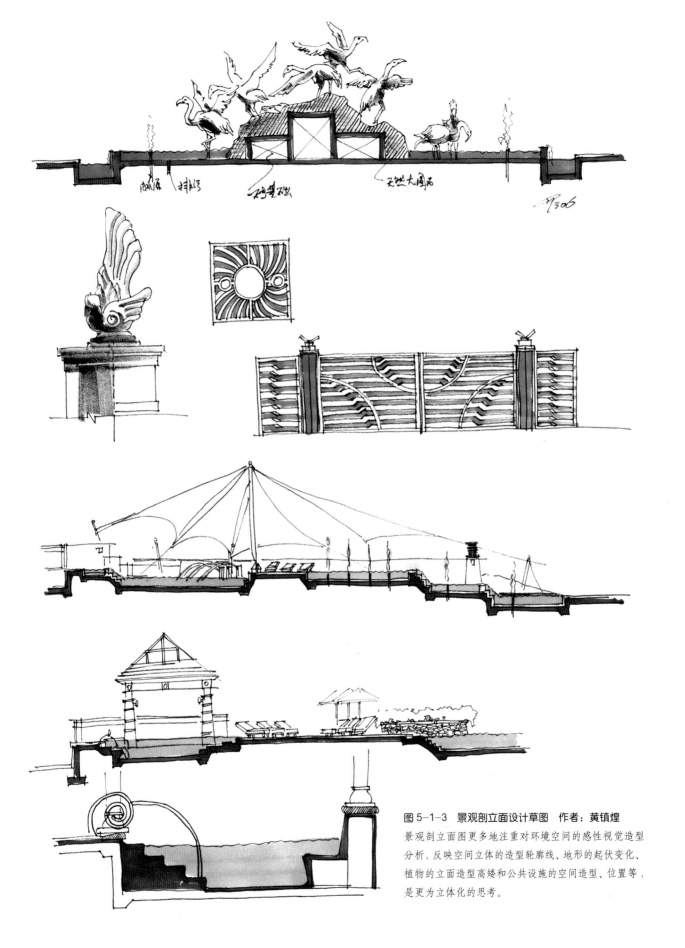

图 5-1-3　景观剖立面设计草图　作者：黄镇煌

景观剖立面图更多地注重对环境空间的感性视觉造型分析，反映空间立体的造型轮廓线、地形的起伏变化、植物的立面造型高矮和公共设施的空间造型、位置等，是更为立体化的思考。

2．概念创意的梳理整合

立面图是为了进一步表达景观设计意图和设计效果的图样，它着重反映立面设计的形态和层次的变化。剖面图主要表达景观内部空间布置、分层情况、结构内容、构造形式、断面轮廓、位置关系以及造型尺度，是了解详细设计结构，进而到具体施工阶段的重要依据。在表现效果方面，立面表现图既能准确说明竖向尺寸的层次关系，又能交代立面色彩材质的配置，还能表现环境空间的氛围，可以说剖立面图是兼顾专业与多重效果的表达方式。

在各种设计表现图中，剖立面图更能科学、全面地交代竖向设计的内容与内涵。立面设计图与平面图是相互关联、紧密结合的，立面图的绘制目的是展示景观构成元素的竖向关系，如果立面图感觉不合适就需要回头再调整平面配置内容，时刻保证两方面图纸的相互照应。

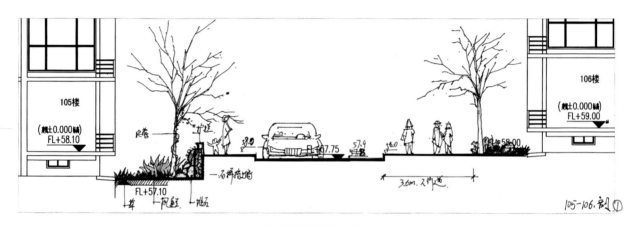

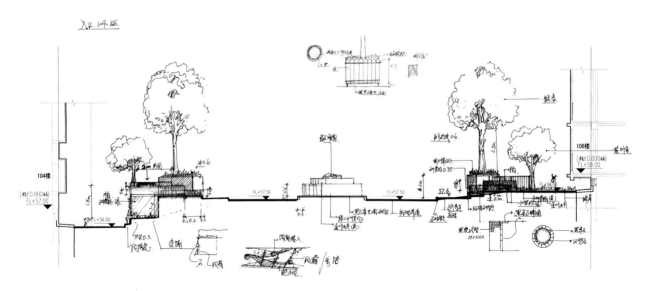

图 5-1-4 住区楼间绿化剖立面推演草图
剖立面图的构思推演如同平面规划图一样，也需进行不断的思考与推敲，重要的设计节点与高程数据可以记录在剖立面设计草图之上，以便于深入地整合设计。

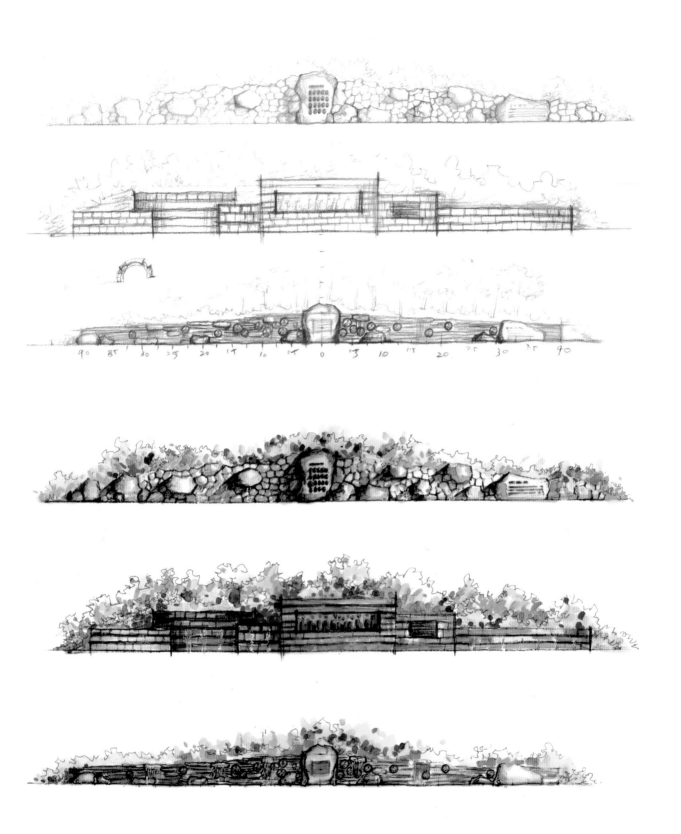

图 5-1-5 叠水景墙设计梳理整合

景墙用三种不同形式的设计手法进行推敲，绘制了立面设计草图与着色图，通过对比分析，选择更适合场地特征的方案表达形式。

第二节　概念的落实与描绘

1. 选择正确的剖断位置与方向

　　景观剖面图是指某景观被假想地沿垂面剖切后，沿某一剖切方向投影所得到的视图，包括景观建筑和小品等的剖面，其中在只有地形剖面时应注意景观立面和剖面图的区别，因为某些景观立面图上也可能有地形剖断线。通常景观剖面图的剖切位置应在平面图上标出，且剖切位置必定在景观图之中，在剖切位置上沿正反两个剖视方向均可得到反映同一景观的剖面图，但立面图沿某个方向只能做出一个，因此当景观较复杂时可多用几个剖面表示。

图 5-2-1　反映两个剖切方向的休闲景园剖立面设计图　作者：黄镇煌

正如立面图对应平面图一样，剖面图一般也都结合立面图来画，只是对剖切部位需严格按制图学的要求将剖切线加粗，且特别醒目，其余图形的线型相对较细，只需起到辅助说明的作用即可。

景观设计师需要通过对物体进行剖切分析，选择恰当的部位作剖面图形，以准确表述立面造型中一些重要部位的内部构造或支撑形式。剖面图形是为了便于设计师探讨空间造型，同时也为下一步的结构设计提供依据。选择正确合适的剖线位置及视点方向是第一要务。在一幅平面配置图当中，通常我们会选择重要的核心区域设置剖切线的位置，以充分表达设计重点的层次关系，反映地势的高程变化。另外，是否能够从切线位置连续看见切线后方的空间元素，也是选择的关键。看到的内容务必清晰明确，这样才能更好地表达景观竖向设计的变化层次，让图面更具感染力和易读性。

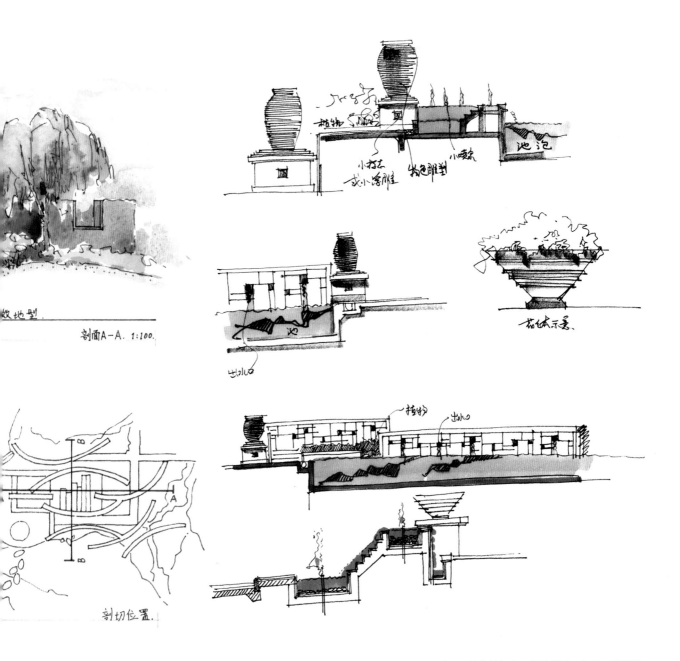

图 5-2-2　反映重要结构的剖立面设计草图　作者：黄镇煌

2. 科学的剖立面图绘制方案

景观剖立面图指的是景观空间被假想垂面沿水平或垂直方向剖切以后，沿某剖切方向投影所得到的视图。立面图沿某个方向只能作出一个。应当注意几点：①地形在立面和剖面图中用地形剖断线和轮廓线表示。②水面用水位线表示。③树木应当描绘出明确的树形。④构筑物用建筑制图的方式表示出。此外，应当在平面图中用剖切符号标示出需要表现立面的具体位置和方向，景观设计中的地形变化，具体选用树种或树形的变化，水池的深度和跌水的情况均应在剖立面图中清晰表现。

景观构筑物的立面造型和材质等信息都需要在剖立面图中表达出来。如果说平面图主要体现了景观设计的布局和功能，那么立面图则具体体现了设计师的艺术构思和风格的创造。剖立面图是视觉尺度景观设计中特有的图示表达，需要绘制得详尽、具体。

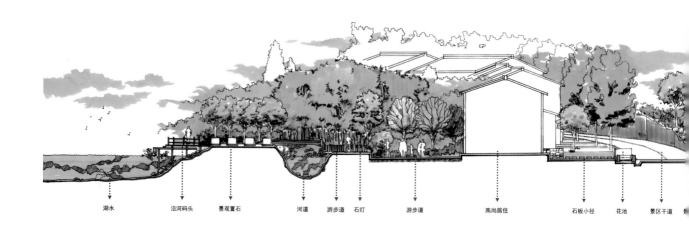

湖水　　沿河码头　　景观置石　　河道　游步道　石灯　　游步道　　　　高尚居住　　　　　石板小径　花池　景区干道

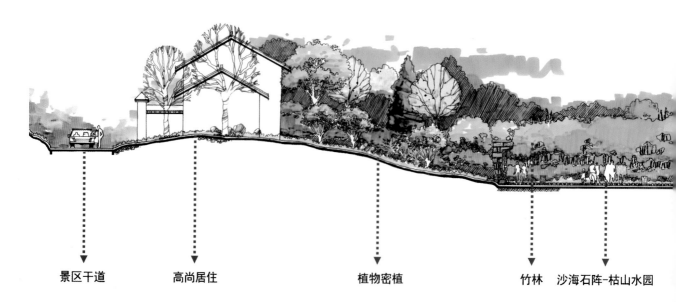

景区干道　　　　　高尚居住　　　　　　　　植物密植　　　　　　　竹林　沙海石阵-枯山水园

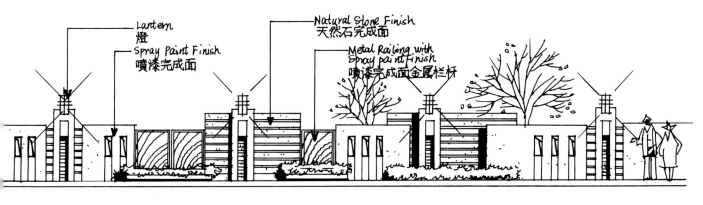

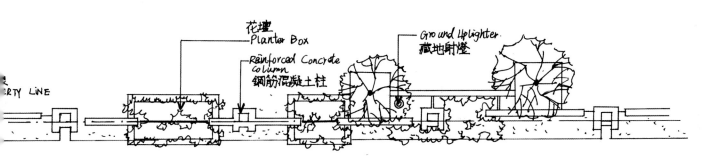

图 5-2-3　景观墙立面设计线稿　作者：汪子琪

正式的剖立面设计图需按比例用尺规进行绘制，注重构成要素的高度标注及前后、主次层次的区分，主要景观点可引线标出
名称及材料做法。

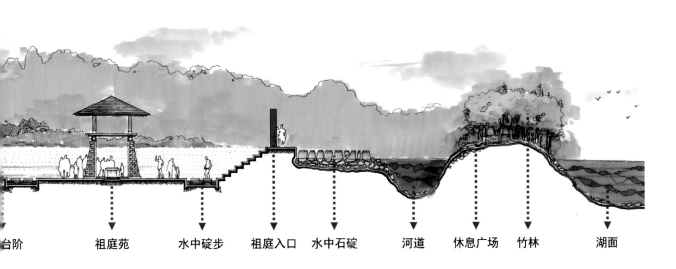

台阶　　　　祖庭苑　　　水中碇步　　祖庭入口　水中石碇　　　河道　　　休息广场　　竹林　　　湖面

图 5-2-4　祖庭苑景观设计剖立面图 1-1　作者：马世梁

剖立面图对应平面图中 1-1 的剖线位置，将重要景观构成的层次与结构进行了详细的表达，辅以马克笔着色，层次清晰，色
彩统一。

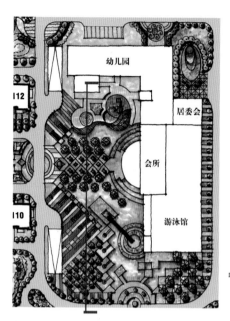

平面图内标注：幼儿园、居委会、会所、游泳馆、I12、I10

🏠 平面图
▶ 立面图

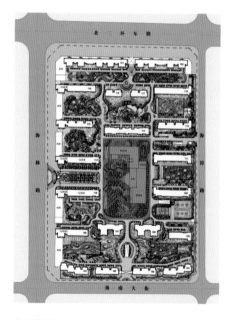

🏠 索引图
▶ 立面图

图 5-2-5 中心景区剖立面设计 作者：黄镇煌 齐海涛

以上两幅剖立面设计图在线稿绘制的基础上以水彩着色作为主要的表现形式，水彩也
是图纸绘制中重要的着色手法，色彩过渡流畅，层次丰富，但较难把握。

3. 基本剖立面图上色的步骤程序

剖面图同样也可着色，用以区别形象、材质和层次。颜色以单纯、简练、协调为好，无须过细关注局部色彩变化，避免复杂、烦琐，影响线的表现力。剖立面图一般着色步骤如下：

第一步：线稿绘制完成之后，首先运用马克笔绘制植物的亮面，近处植物可用中绿马克笔上大色。注意将植物受光面留白。

第二步：将近处植物的暗部用深绿色马克笔着色，并将灌木、花草和后面乔木的大色铺上。注意色彩的冷暖关系及植物的层次表现，乔木表现应偏冷；灌木要注意色彩的搭配，可加入一些对比色。

第三步：绘制近处的建筑、景观构筑物，详细表现物体的材料质感。墙体的色彩要淡于植物，要注意其和植物间的对比关系，注意建筑自身材质肌理的表现。

第四步：如景观中有水系，则应注意水系统着色、配景着色。水体表现要运用蓝色、浅蓝色，注意景物在水中投影关系的表达。

第五步：最后，对画面的远近层次和色彩关系进行整体调整，加强对比，修正细节，提升画面的审美层次。

图 5-2-6　剖立面图的上色过程

以马克笔为主要表现方式的着色过程，着重区分景观层次和质感，辅以适当留白，简洁、清晰地表现立面的构成关系。

图 5-2-7 马克笔与彩铅结合的剖立面图上色过程

图 5-2-8 马克笔剖立面设计表现 作者：于伟

第三节　剖立面图的把握要素

1. 前后层次的区分

剖线上的物体和后方远景的元素应该在色彩、质感、细节等方面加以区分，从而在剖立面图纸上营造景观进深的层次，反映前后景观元素的变化。原则上近景与远景的相对关系可以从线型方面"近粗远细"、细节方面"近繁远简"、色彩饱和度方面"近高远低"、色相方面"近暖远冷"、质感方面"近细远粗"等几个方面来加以区分。

在线型表达方面，剖面图中被剖切到的剖面线用粗实线表现，没剖到的主要可见轮廓线用中实线，其余用细实线。建筑物的立面轮廓线用粗实线表现，主要部分轮廓线用中实线，次要部分轮廓线用细实线，地平线用特粗线。

图5-3-1　写实形式的区域景观立面图表现　引自《国际新景观》

图5-3-2　滨水景观剖立面图设计　作者：马世梁

剖立面图构成要素的层次关系是图纸表达中十分重要的方面，剖断线上的主体物与背景的植物配景、天空要有前后层次的区分，近实远虚，形成纵深的空间感。

2. 光影与对比

在景观设计的立面、剖面表现中，色彩和质感的表现是最富有表现力、最能生动地表现出景观元素特征的表现手段。色彩的表现要确定色彩的主色调，还要注意主体建筑和周围配景的远近虚实关系和色彩的明暗、冷暖关系。景观材料的表现要生动地表现出材料的质感、纹理、色彩、光影和冷暖变化，如：石材、砖、木、玻璃、金属等，表现时要使用不同的表现技法。

同时，剖立面图绘制也应注重画面的主次层次，通过色彩与细节的对比强调主景与配景的相互关系，前景与主景需要描绘精细，笔触严谨，光影明确，色彩配置对比度高。

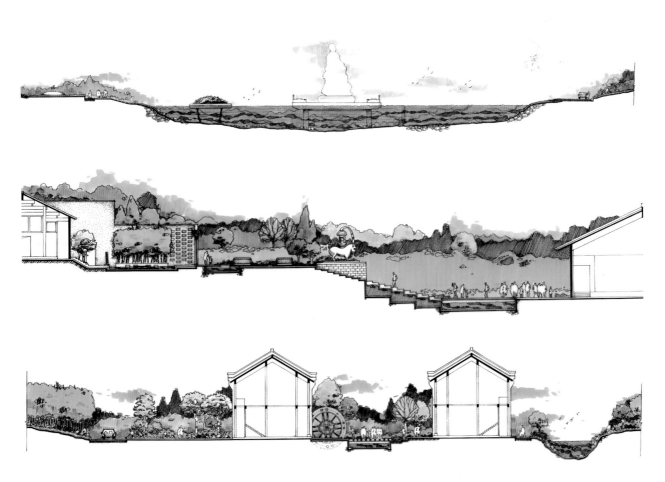

图 5-3-3　滨水景观剖立面图设计　作者：马世梁

3. 文字做法的专业标注

剖立面图在表现景观进深层次的同时也可交代重要景观点、构筑物的剖面结构形态，配合专业的文字标注，形成具有施工图专业指导意义和效果丰富性的多元图纸，为后期效果图绘制与实际施工提供重要的指导作用。

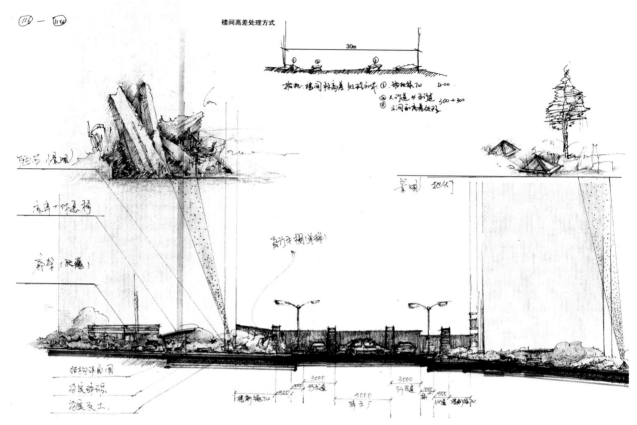

图 5-3-4　住区剖立面设计草图

同样，在剖立面草图绘制阶段我们可以把重要的高程数据和设计关键词记录于图纸之上，为深化设计服务。

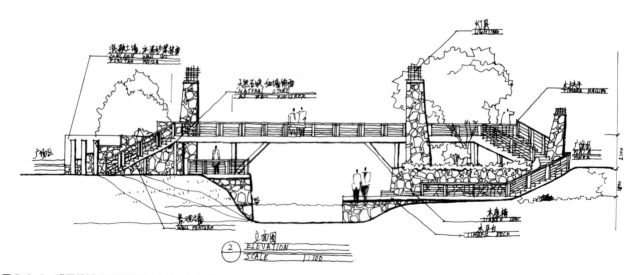

图 5-3-5　观景栈桥立面设计图　作者：孟雯迪

文字的标注可以直接用引线在剖立面图纸上引出注释，也可采用中英文对照形式标注。

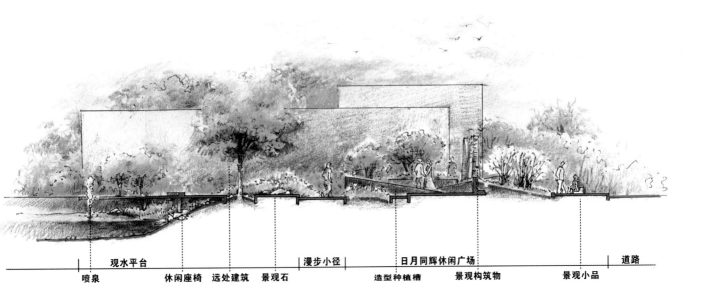

| 观水平台 | | 漫步小径 | 日月同辉休闲广场 | | 道路 |

喷泉　　　　　休闲座椅　远处建筑　景观石　　　造型种植槽　　景观构筑物　　　景观小品

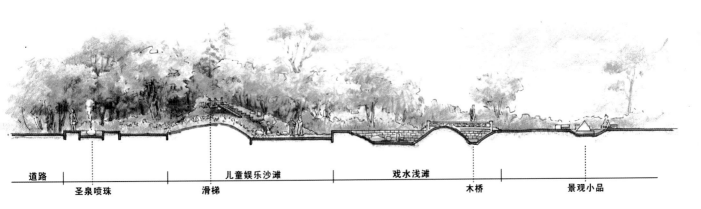

道路　　　　　　　　　　　　　儿童娱乐沙滩　　　　戏水浅滩　　　　　　　　　　　景观小品

圣泉喷珠　　　　　　　　滑梯　　　　　　　　　　　　　　　　　木桥

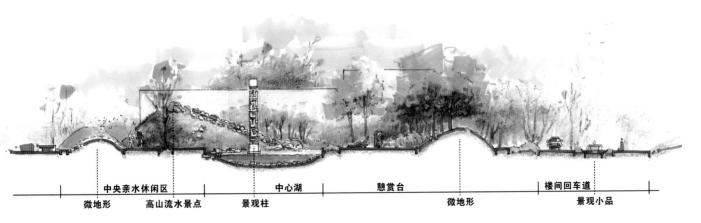

中央亲水休闲区　　　　　　　　中心湖　　　　憩赏台　　　　　　　　　楼间回车道

微地形　　　高山流水景点　　　景观柱　　　　　　　　　　微地形　　　　　景观小品

图5-3-6 住区中心景观剖立面设计 作者：黄镇煌

以上三幅图纸为河北邢台"亿力－领秀清城"住区中心景观剖立面设计图，文字采用下标注的形式，以虚线引出注释，不影响图面的完整性，是一种常用的标注形式。

4. 配景的烘托魅力

剖立面图作为设计表达图纸也需注重画面的丰富性与层次性，合适地点缀些许人物、动物、车辆等配景元素，不但可以借此对照说明设计的空间尺度，也能增加图面的活泼感与亲和性。这也要求绘图者对常用配景元素进行相关的训练，重视配景的作用，在很大程度上能够营建剖立面图的丰富性与多样的氛围。

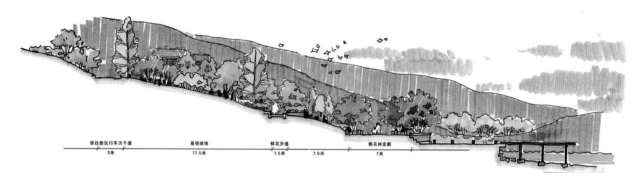

图 5-3-7　配景丰富的剖立面设计图　作者：黄镇煌

图 5-3-8　植物配景丰富的立面设计图　作者：黄镇煌

图 5-3-9　剖立面图配景训练

第四节　优秀景观剖立面表现图观摩与借鉴

唐山遵化"港陆花园"住区景观设计剖面图

　　本项目为天津桑菩景观艺术设计有限公司实际设计项目，并已实施建成，以下图纸为最终设计方案的主要景观区剖面图，采用钢笔淡彩绘制。设计：冯启飞　绘图：黄镇煌　齐海涛

图 5-4-1　住区中心楼间庭园平面图及剖断位置指示

图 5-4-2　住区会所景观区剖立面图

图 5-4-3　住区中心楼间庭园剖立面图

图 5-4-4　住区中心景观水景剖立面图

图 5-4-5　住区入口景观区剖立面设计图　作者：黄镇煌

钢笔淡彩的表现形式相对于马克笔着色来说色彩更丰富、通透，过渡流畅，但也难以把握，需一定量的积累才能运用自如。

图 5-4-6　住区会所景观区剖立面设计图　作者：黄镇煌

图 5-4-7 住区入口景观区平面设计图

图 5-4-8 住区入口景观区剖立面图 1-1

图 5-4-9 住区林荫大道剖立面设计图

图 5-4-10 住区楼间庭园剖立面设计图

第六章　整体氛围的营建——透视设计与表现

第一节　概念的落实与描绘

1. 从灵感捕捉到草图勾勒

概念透视草图通常是随意、自由的创作。然而，概念透视草图可以表达比预期想象得更多的东西，即是硬线条表现图。每一根线条都传递着关于形式、光线和空间的信息，也暗示了细部和表面的特征。一幅优秀的概念透视草图可以揭示先前没有考虑到的可能性。换言之，透视草图可以指导接下来的设计。

利用透视草图进行形象和结构的推敲，并将思考的过程表达出来，以便设计师对构想进行再推敲和再构思。思考类透视草图更加偏重于思考过程，一个形态的过渡或一个结构的确定都要经过系列的构思和推敲，而这种推敲靠抽象的思维是不够的，要通过画面辅助思考。透视草图记录着设计者的灵感与思路，是正式透视设计表现图的雏形。

图 6-1-1　景观设计大师笔下的构思透视草图

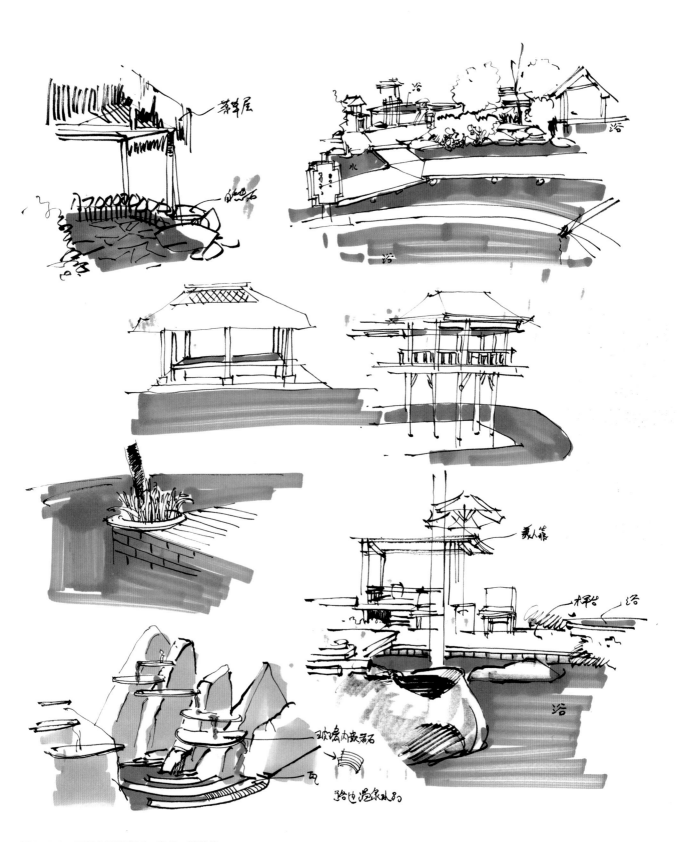

图 6-1-2　景观点设计草图　作者：黄镇煌

设计师在绘制平面图或剖立面图时可以将头脑中闪现的设计灵感用草图的形式绘制于图纸旁边，辅助标明材质做法的关键文字，成为后续深化透视图的雏形。

2. 选择正确的视点与角度

选择合适的表现视角是表现成功的第一步。透视设计图的成功关键不仅仅在于绘图技巧本身，不是盲目追求线条、色彩和质感所呈现的效果，而是首先要把握取景与构图的重要性。

透视设计图包括大范围的区域鸟瞰图和局部透视设计图。在局部空间的透视图方面，视点的高度一般以人视角度为主，视点位置设置于重要景观点的入口、中心、轴线等关键位置，这样的视点是我们最常观察的角度，更容易被接受。同时，这种角度的图面相对比较容易绘制，因为后方的景物多数被前景遮挡，只需把显露出来的部分稍加交代即可，远景绘制概括、对比度低，近景刻画仔细、色彩饱和、对比度高，增强透视设计图的进深层次与虚实关系。

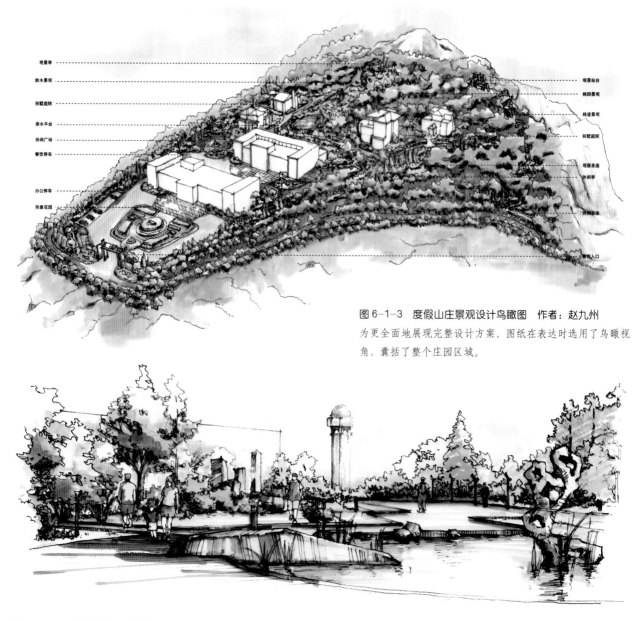

图 6-1-3　度假山庄景观设计鸟瞰图　作者：赵九州

为更全面地展现完整设计方案，图纸在表达时选用了鸟瞰视角，囊括了整个庄园区域。

图 6-1-4　采用人视角度绘制的透视设计图　作者：韩俊龙

3. 合理的透视与构图把握

针对同样的设计对象，取景的角度和景深不同，产生的构图效果会有很大差异。任何透视角度的场景表现都会有一定的局限性和不足，不可能顾全图面上所有的设计内容。因此在构图之初需要进行取景的构思，判断、选择需要重点表现的内容以及可以适当舍弃的部分。

绘图时，首先要明确设计应解决的主要问题和画面要表现的主体内容，将其定为画面的表达重点。接着选择观察的距离和角度，确定主体在画面中的具体位置和体量。然后采用恰当的透视形式以便将其表现出来。应避免主体内容被其他景物大面积遮挡或排挤，在没有脱离实际设计情况的前提下，可在画面中适当调整配景物体的位置以达到令人满意的构图效果。

有时，为达到清晰、全息的效果，我们会适当夸张透视角度，采用类似广角镜头的大透视表现，囊括广域的范围，或者采用360°全景模式展现更为全面的视野内容。

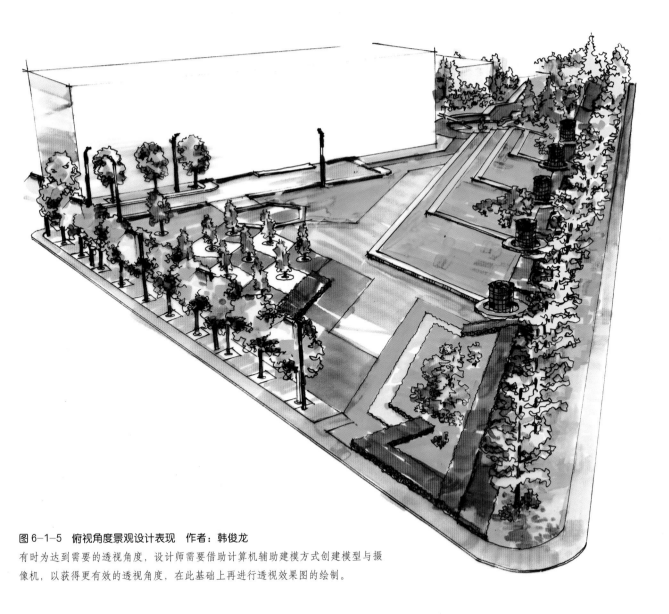

图 6-1-5 俯视角度景观设计表现 作者：韩俊龙
有时为达到需要的透视角度，设计师需要借助计算机辅助建模方式创建模型与摄像机，以获得更有效的透视角度，在此基础上再进行透视效果图的绘制。

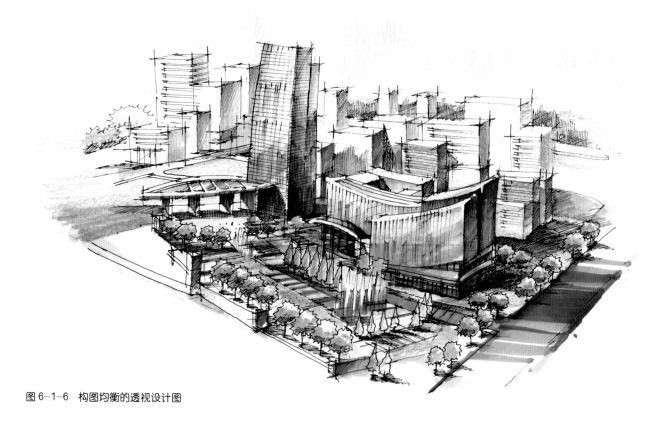

图 6-1-6 构图均衡的透视设计图

图 6-1-7 夸张的广角透视可使建筑物更挺拔、宏伟

第二节 透视设计图的把握要素

1. 时间与季节的设定

透视设计图最大限度展现着设计构思，但同时，透视图可兼具绘画的审美价值，这样更容易打动甲方。由此，绘制透视图时，在展现设计内容的前提下也应该考虑晨昏、天气及四季的转换配合，一方面全息展现了不同时间下的景观设计效果，避免观赏者的视觉疲劳；另一方面也展现出设计师自身的艺术修养和审美高度。

图 6-2-1 冬季雪景氛围的效果图表现 作者：张宏明

图 6-2-2 秋季色彩缤纷的效果图表现 作者：张权

实践证明，这一点是非常重要的，尤其是对于北方的设计而言，四季变化明晰，除常规的效果图之外，甲方更希望看到秋冬落叶季节的景观效果，所以时间与季节的设定对于效果图来说是非常重要的一个方面。

图 6-2-3　夜景氛围的效果图表现

图 6-2-4　晚霞氛围的效果图表现

2. 光与影的色彩表达

手绘表现往往由准确的透视、严谨的结构、和谐的色彩、洒脱的笔触组成，缺一不可。色彩是人们最容易感受到的一种形式美，色彩可以使人产生相应的心理作用。透视效果图的成败在很大程度上取决于光与影的色彩表达的好坏。

在色彩表现上我们可以用马克笔、彩铅、水粉、水彩、喷笔等多种形式进行创作的表达，作为快速表现的主要手法是马克笔、彩铅表现方式。以油性马克笔和彩色铅笔着色为例，有了线稿以后，即可开始上色。马克笔上色主要表现物体和空间的前后关系，由于"自身"特性，上色要从单体的固有色、材质的明暗关系来考虑。首先设定一个基调，从浅到深，再刻画暗部，由一个色系到另一个色系，要注意色系之间的调和、互相关照。最后整理阶段，要注意画面的各部分虚实关系、空间关系、拉开层次。暗部和阴影也是塑造立体感的手段和方法，要认真处理，用心刻画，从而达到理想的效果。

对于其他的着色形式而言，光与影的色彩表达一般要表现室外场景在阳光的强烈照耀下绚丽明媚的效果。此时所要控制和体现的整体空间场景，应该是强烈的明暗对比、鲜明响亮的色彩关系，使观赏者心情愉快、舒畅。

首先，在动笔之前，要确定反映主题的最佳角度、视点、构图的基本框架，选择安排景观中主要景物的位置、比例、尺寸等结构和透视效果。

其次，对于整体空间的描绘，徒手快速表现落笔要肯定、流畅，注意塑造各物体之间的明暗、色彩关系、虚实层次等空间关系。景物的取舍、组合、加工都应符合并服务于主题的表达。

再次，要正确了解和掌握形式美的法则，要让观者在观赏效果图时能获得更多的美感，吸引并打动甲方，我们就要调动和发挥绘画造型的各种手段和形式要素，如画面中诸因素的"多样与均衡"、"对立与统一"、"整体与细节"的辩证关系，画面整体色调冷暖对比变化规律以及用疏密、曲直、刚柔结合的线条形成节奏感等。

图 6-2-5 光影的表现使建筑的形体更加饱满与真实

图 6-2-6　光影的强化与色彩的应用使表现效果更为真实、绚丽　作者：张宏明

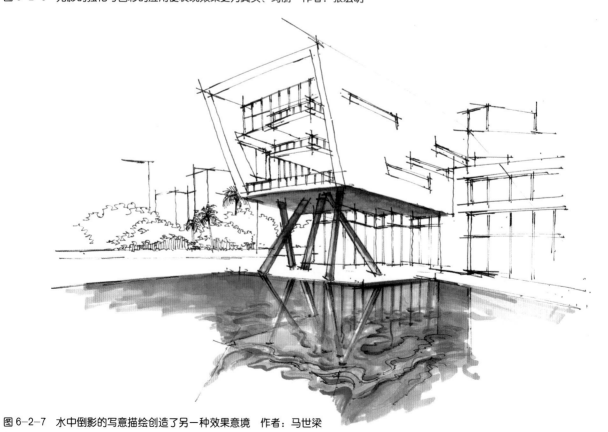

图 6-2-7　水中倒影的写意描绘创造了另一种效果意境　作者：马世梁

3. 配景的烘托魅力

　　配景是景观设计手绘图中的重要组成部分，其丰富的内容和形式不但可以调节手绘画面的构图，还是营造场景气氛的有效调味剂。透视设计图表现中的配景内容大多是生活中常见的景物，如树木、花草、人物、动物以及各种交通工具等，通过合理的布局和搭配，可营造丰富的空间层次和节奏关系，增强表现图的氛围与趣味。配景表现的目的是配合整体方案的设计表现，因此在实际绘图时，不应过分突出和强调。此外，配景元素要与画面中表现的场景内容、季节相吻合，整体画面才真实可信。

图 6-2-8　交通工具配景练习

图 6-2-9　堆山叠石配景练习

透视设计图中的配景物体画法常见的有写实画法与装饰画法两大形式。写实画法的特点是真实地表现出景物的形象特征，使画面中的景观场景真实可信。装饰画法的特点是，将配景中的人物、动物、车辆等进行概括与夸张的处理，用抽象、简洁的造型烘托景观环境的整体气氛，可获得更具趣味与特色的效果。选择写实画法还是装饰画法要根据画面整体表现风格和表现场景内容来确定，如细致的线稿形式或是厂区、市政办公等严肃、庄重的环境场景通常选择写实的配景画法，而装饰画法的配景适合烘托概括简洁的景观设计手绘形式或是住区、生活广场等活跃、放松的环境场景。

图 6-2-10　丰富的配景使效果表现图更生动、真实　作者：张权

图 6-2-11　配景与主体设计的烘托与掩映

4. 空间意境的营造

　　景观空间的表现，很大程度上体现设计者的文化与艺术修养。景观设计是对植物、水流、山石、构筑的经营。经过精心布置的景物被赋予文化与艺术的内涵，营造不同的空间意境。这些都要通过画面的整体空间效果来体现，整体空间意境的把握对于透视设计表现至关重要，应具备以下几点。

　　(1) 明确主题：主题是设计与画面表达的重点，无论是线条、色彩还是细部处理，都要鲜明突出，给人以深刻印象。
　　(2) 营造空间：利用构图、比例、结构、明暗和透视等绘画技巧，表现空间层次的对比和节奏。
　　(3) 注重形式美感：利用画面点、线、面的组合、对比、衬托等形式感的多样均衡与变化统一，表现画面的整体美感。同时注重色彩与光影的对比运用，形成舒适、赏心悦目的意境效果。

　　由此，我们要明确透视设计图所要表达的意图，创造出引人入胜的设计意境，使画面除了具有丰富、和谐的色调外，还要具备更高的艺术表现力和感染力。通过色彩的对比表现，营造一个舒适、合理的环境气氛，使画面充满感情色彩。整体空间也需根据设计主题进行充分的渲染和烘托，比如在表现住区景观、生活广场时应该增加一些能够充分表达居住、生活气氛的配景和人物活动，来突出以人为本的设计理念。在表现艺术区、创意园区等环境景观时，应注重视觉与创意设计元素的运用，增强思维开放、创意活跃的空间意境。

图 6-2-12　不同画面意境的效果图表现　引自 sketch landscap

5．不同的风格体现

透视设计图的不同风格极大地取决于设计师的文化与艺术的修养，洒脱的笔触与精细的刻画各有特色，可配合不同设计主题的诠释与整体风格需要进行选择。设计者可根据擅长使用的工具、手法与时间来决定自己表现的方式与强度，不论是单单使用铅笔、钢笔或马克笔、彩色铅笔、水彩或多种手法的组合，都能够不同程度地表现出不错的效果。

同时，不同风格的运用也需与表达的环境类型相协调，比如办公环境景观应选取能体现"静"的表现风格，如儿童活动区等环境空间可选取体现"动"的、活跃的表达风格。

图 6-2-13　卡通纯色风格的效果图表现　作者：于伟

图 6-2-14　以灰色调表现的效果设计图

图 6-2-15　色彩丰富的效果图表现　作者：张权

图 6-2-16　写实风格的效果图表现

图 6-2-17　留白速写形式的效果图表现

第三节 优秀景观透视表现图观摩与借鉴

图 6-3-1 钢笔线稿与马克笔着色表现 作者：张宏明

图 6-3-2　住区景观马克笔表现　作者：齐海涛

图 6-3-3　广场休闲区效果图表现　作者：齐海涛

图 6-3-4 马克笔写生 作者：齐海涛

第七章 概念创意的完善——细节深入与精致

第一节 概念的落实与描绘

1. 概念创意的延伸与深化

环境景观设计是一个完整的过程，从平面规划设计到细节节点的深入推敲都需将设计理念贯穿始终。细节决定成败，一个优秀的设计师通常会整体地考虑设计方案，在平面布局与立面设计中，细节节点的构思往往会浮现在脑海中，这时需要设计师及时以手绘方式加以记录，绘制于图纸之上或作为补充直接记录于平、立面图的旁边。这些细节的灵感记录对后续设计起到了非常重要的指导作用，有效保持了整体设计的理念统一，丰富了刻画深度，细节设计不容忽视。

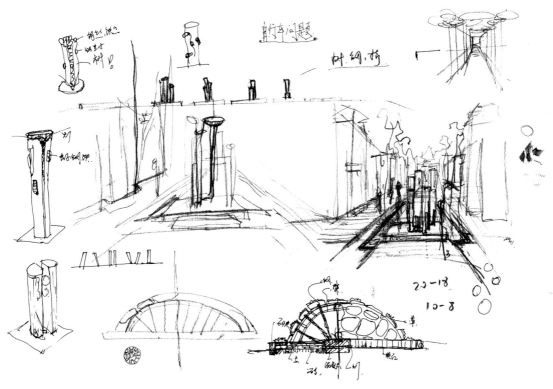

图7-1-1 设计细节构思草图随笔

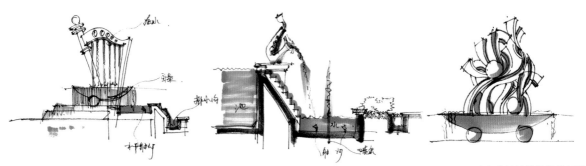

图7-1-2 初步考虑细节设计结构的构思草图

2. 创意细节的推敲与落实

在创意构思的起始阶段或在平面布局与立面设计中，细节节点的构思往往会涌现出来，设计师需及时以手绘方式加以记录，这些绘制于图纸之上或作为补充直接记录于平、立面图的旁边的创意细节是非常重要的灵感记录。后续深化设计中我们会在此基础上进行创意细节的推敲与落实，合理设计细节结构并与整体有机衔接，最终成为深度设计的成果。

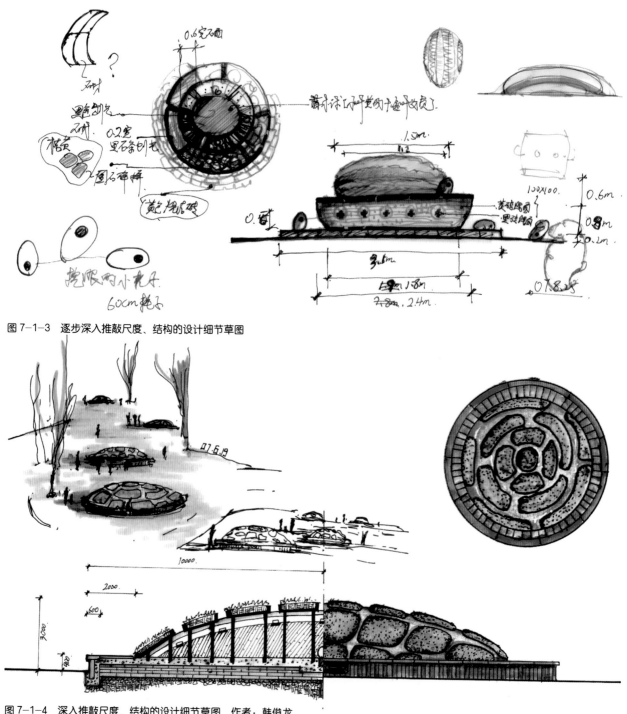

图 7-1-3　逐步深入推敲尺度、结构的设计细节草图

图 7-1-4　深入推敲尺度、结构的设计细节草图　作者：韩俊龙

3. 基本的细节图绘制步骤

细节草图的绘制可以较为简单、洒脱和随性，因为这是对创意灵感的记录，侧重感性的思考。深化细节设计图需要在此基础上进行合理的推敲，这时需要深入讨论细节节点的结构、材质、尺寸等要素，需要严谨、科学地绘制，这样才能保证细节的有效实施。

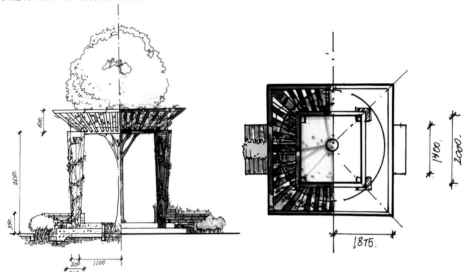

图 7-1-5　特色景观亭细节设计图　作者：韩俊龙

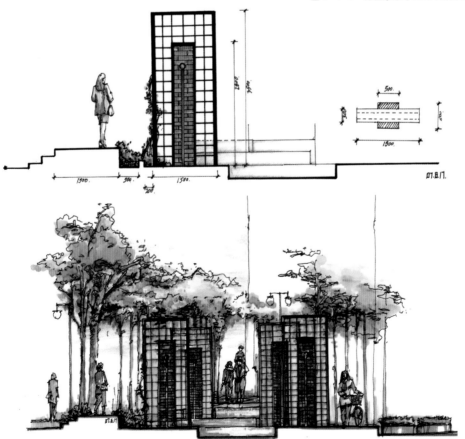

图 7-1-6　主题水景构筑细节设计　作者：韩俊龙

第二节　构思设计细节图的绘制

1. 选择重要的节点对象

细节构思图的绘制不必面面俱到，重点区域的节点表达清晰即可，如主景观区的构筑物、水景、铺装、设施小品等。这些节点体现着设计构思的完整性与深度思考，有效提升整体设计的品质，处理好重要的节点设计起到"画龙点睛"和"事半功倍"的作用。实践设计中我们需要认真处理好重点细节的设计，提升整体设计的深度与品质。

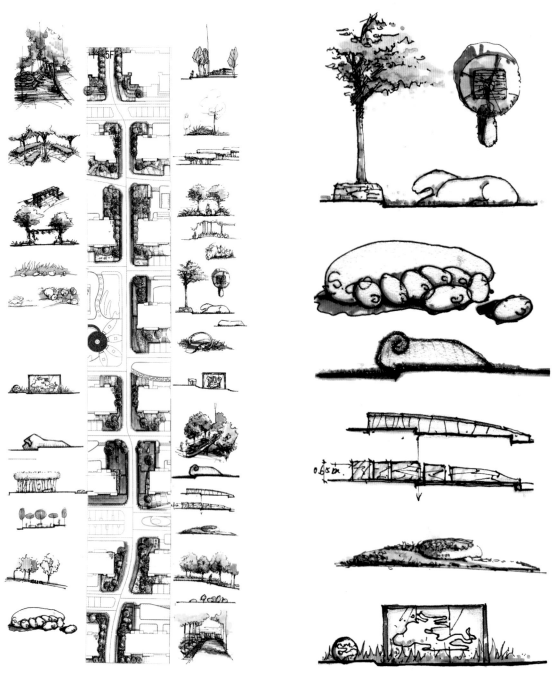

图 7-2-1　生肖雕塑景观点细节设计图　作者：韩俊龙　　　　　图 7-2-2　重要的景观节点及细节设计图　作者：韩俊龙

图 7-2-3　重要的景观节点细节设计图　作者：黄镇煌

2. 结构的深入思考与记录

　　细节节点的设计不只是外在形式的考虑，需要我们从实践的角度认真考虑其结构构成的合理性与科学性，这是设计师必须具备的能力。这些结构需要我们有基本的施工图知识体系，如基础结构、铺装结构、设施结构等，通常会配合相应的文字说明和图例、图示等，这为后续施工图的绘制提供了重要的依据蓝本。

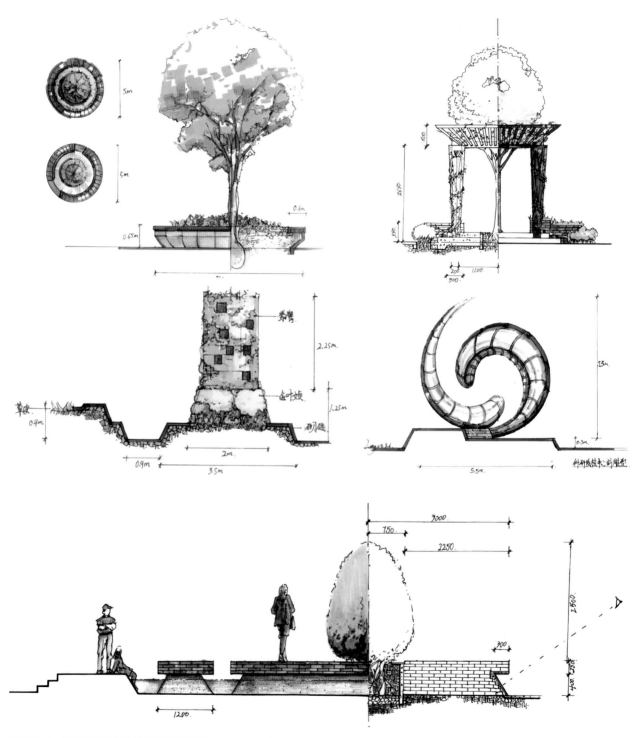

图 7-2-4　深入考虑结构做法的景观细节设计图　作者：齐海涛

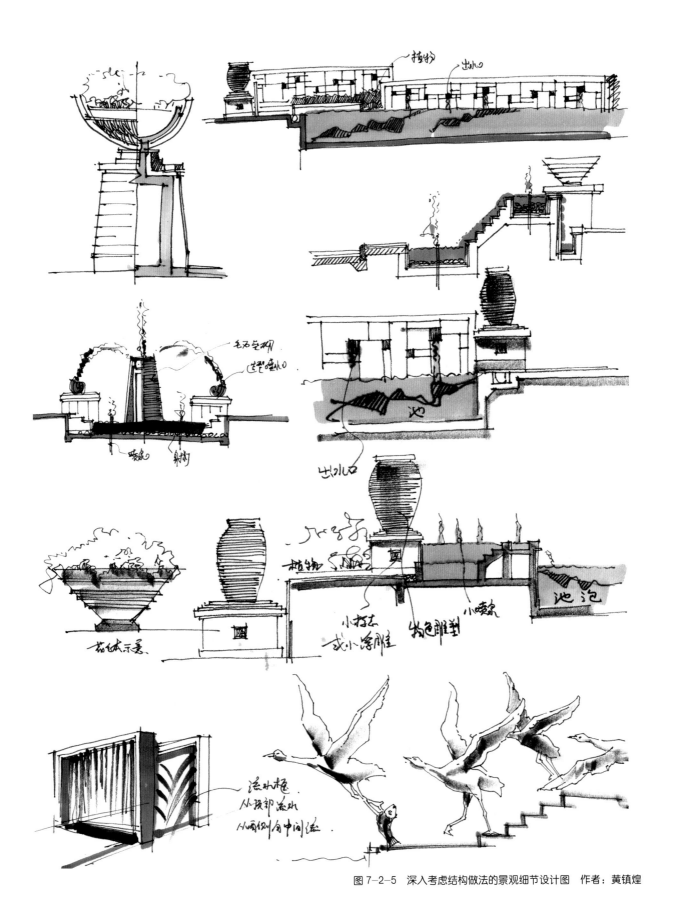

图7-2-5　深入考虑结构做法的景观细节设计图　作者：黄镇煌

3. 材质与肌理的表达

材质与肌理效果是景观环境设计重要的构成元素之一，也深度体现着空间的特征。细节设计的重要内容之一就是对材质与肌理的思考与设计。肌理靠材质来体现，材质又依附于形体、空间，仍需我们在创意规划之初整体考虑，材质与肌理的灵感时时可通过手绘的方法加以记录。

各种肌理的表达技巧是多样的，流畅的长线可用来表达光滑的材质表面，连续的短线和点可用来表现粗糙或点缀肌理效果，曲线和弧线可用来表现类似木材的纹理，水体、植被、铺装都有其对应的表达方法，甚至石材不同的表面处理形式都可用细节图进行体现。

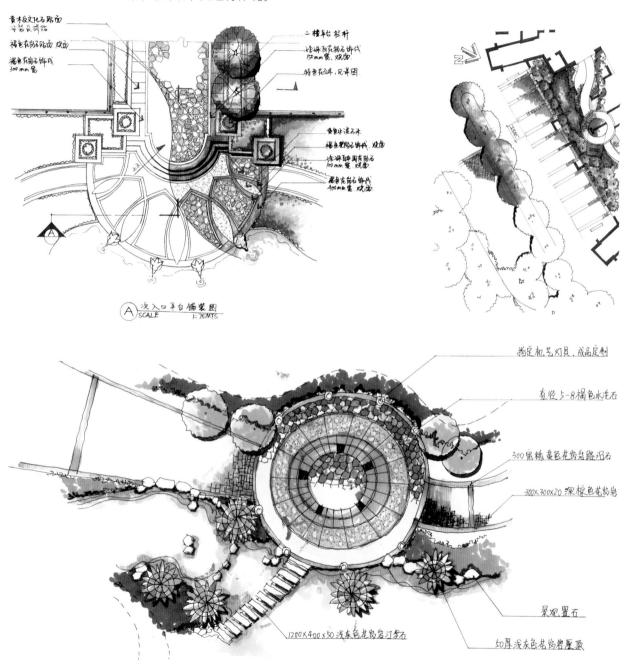

图 7-2-6　充分考虑材质、拼法的平面铺装细节设计图　作者：马琳琳　韩志华

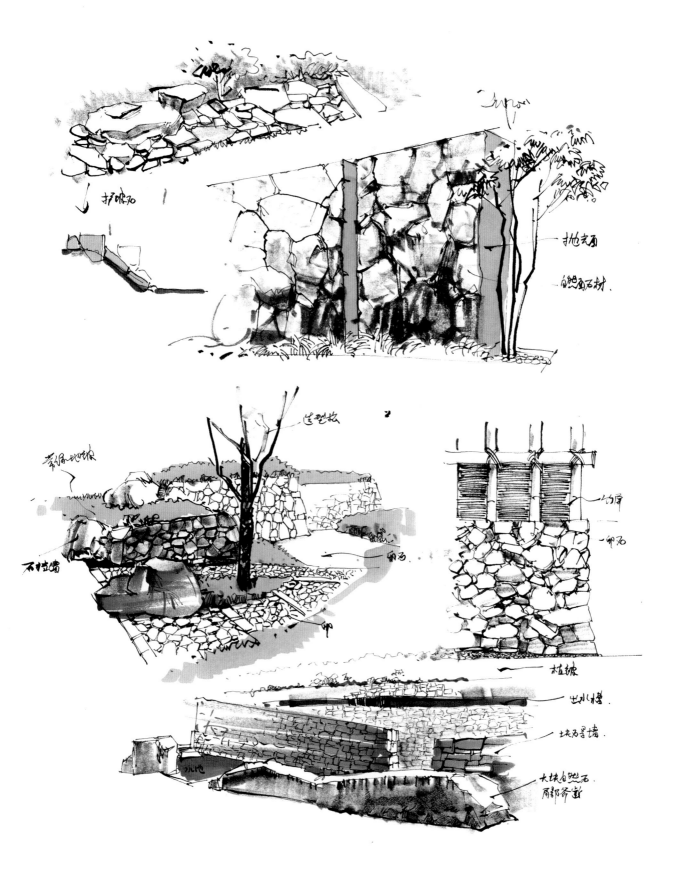

图 7-2-7 细节设计图中材质与肌理的深入表达 作者：黄镇煌

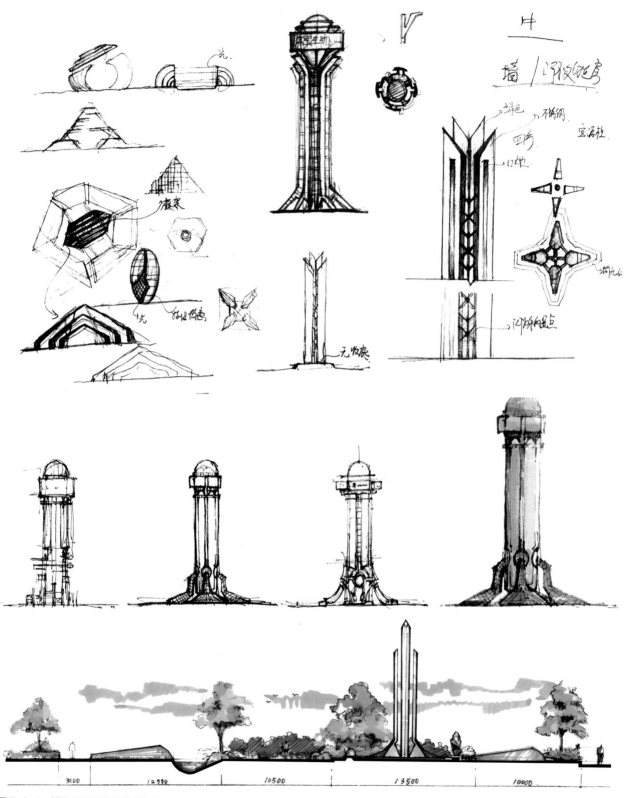

图 7-3-1　标志性景观构筑物的细节设计过程　作者：韩俊龙

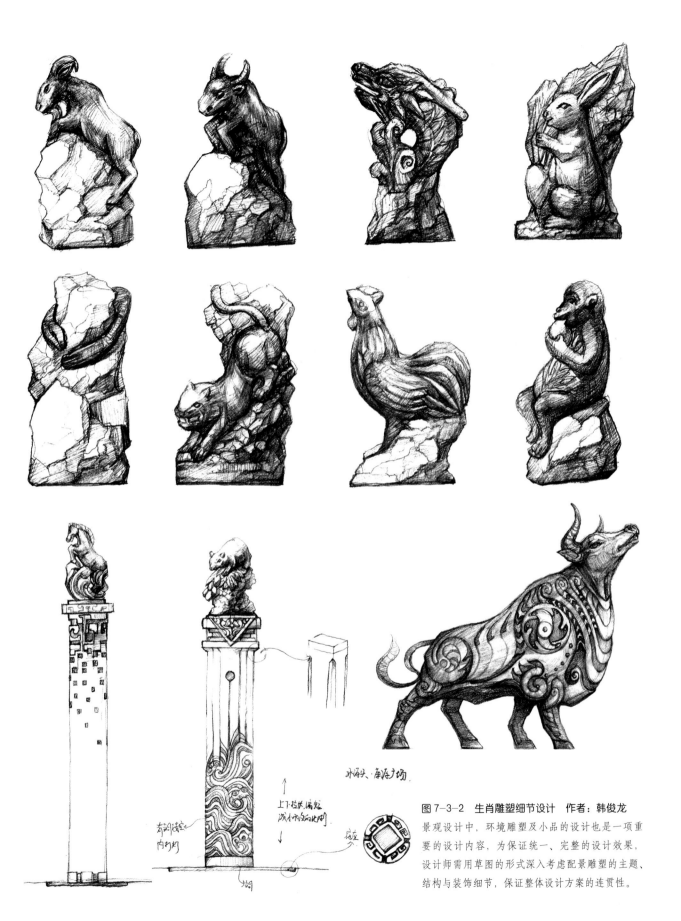

图 7-3-2　生肖雕塑细节设计　作者：韩俊龙

景观设计中，环境雕塑及小品的设计也是一项重要的设计内容，为保证统一、完整的设计效果，设计师需用草图的形式深入考虑配景雕塑的主题、结构与装饰细节，保证整体设计方案的连贯性。

第八章 概念创意手绘表达作品鉴赏与分析

"漏窗彩洞"休闲景园设计 钢笔、水彩表现 设计、绘图：黄镇煌

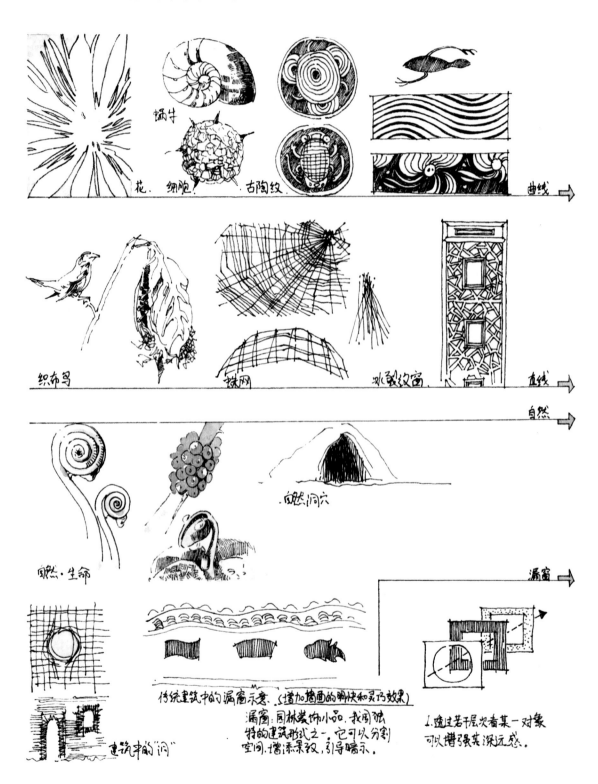

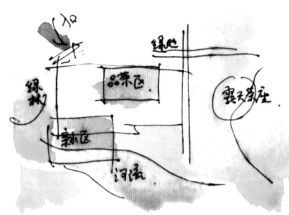

设计说明：本案从自然和人文两个方面提取设计元素。平面布局以流畅的曲线为主，辅以直线，充分运用线、织、疏密关系、曲与直的秩序感；立面上，从传统漏窗中得到灵感，用彩钢在绿墙上演绎现代的"漏窗"；细节上，可折叠的织物屏风，美观且进用成"冰裂纹"屏架，微型"洞穴"景观足以让游人驻足……用光做设计，让游人在变化的光影和由窗洞强调的景致中放松身心，体验自然、精致、有趣的私得景观。

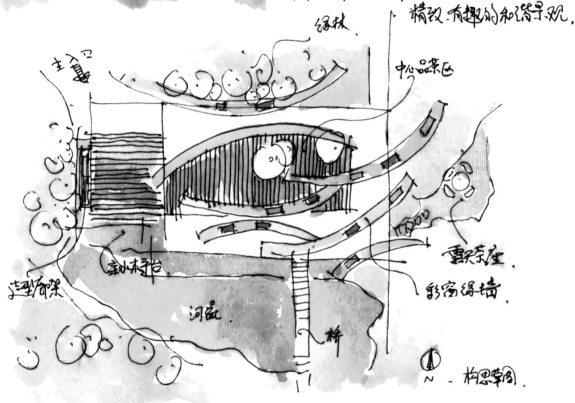

构思草图。

2. 即使隔着一重网格，看也比直接看深远些。

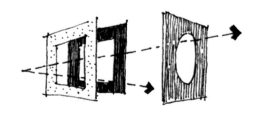

3. 当视线穿过一层又一层的洞口，层次变化越来越丰富。　漏窗对景观的作用分析。

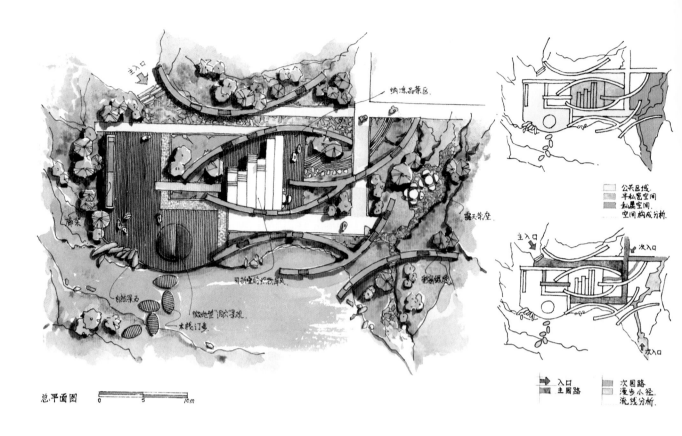

主入口

纳凉品茶区

廊架

露天茶座

彩色缘境

自然界石

微地型"洞穴"景观

木栈汀步

总平面图   0   5   10m

公共区域
半私密空间
私密空间
空间构成分析

主入口
次入口
次入口

入口
主园路
次园路
漫步小径
流线分析

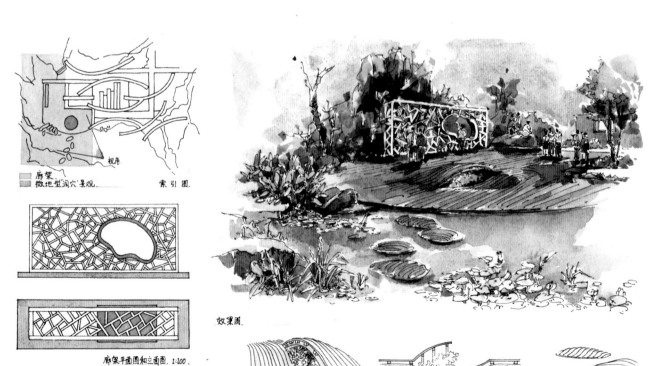

视屏

廊架
微地型"洞穴"景观   索引图.

廊架平面图和立面图 1:100.

说明:廊架采用方形框架,造型简洁,与中心区中的
"绿墙"相呼应。以木材为主,用长短不一的木料(主
要是剩余木料,工业废料)随机地拼出曲线镂线图
形。唯一的曲线图形是镶嵌在其中的,符合人体工
程学原理的异形框架,可以供游人坐卧休憩。

效果图.

微地型"洞穴"景观 引用示意.

说明:通过上升和下降铺地,增加景观的层次性,在高
差之间种植观赏性植物,增加景观的趣味性.

木汀步

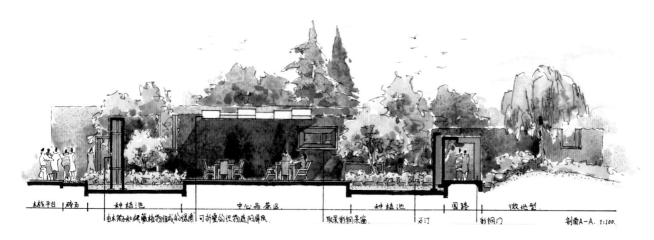

木栈平台 碎石 种植池 中心品茶区 种植池 园路 微地型
由木条和爬藤植物组成的绿墙 可折叠的锈铁底的屏风 取景钢采窗 石汀 彩钢门 剖面A-A. 1:100.

水域 缓坡 种植池 园路 中心品茶区 园路 微地型 剖面B-B. 1:100. 剖切位置.

中心品茶区效果图.

彩窗局部效果图.

"丛林落叶"休憩亭景园设计

钢笔、水彩表现 设计、绘图：黄镇煌 齐海涛

总平面图.

"丛林落叶休憩亭演变过程示意.

设计说明：
　以"漏"、"透"、"皱"、"瘦"著称的太湖石；被虫子啃食而形成
的残缺叶片；阳光通过丛林撒下的斑驳树影；曲折而复杂的
动物巢穴……形形色色的自然以其特有的方式诠释"别有洞天"的意境。本案以概念为主，
从"叶"中得到启示，运用现代构成手法及现代材料，诠释对"洞"，对"别有洞天"的理解。

微地型景观　木栈休闲平台　"丛林落叶"休憩亭　木平台　村植内

黑椰　花灌木　白桦林　ETFE膜　钢架结构　不锈钢座椅　雪松　缓坡

音图A-A

索引图　木栈道通

北京平谷区老泉口村蓄水湖景观规划设计

北京平谷区老泉口村　钢笔、水彩表现　设计、绘图：黄镇煌　齐海涛

总平面效果图

项目位置：北京市老泉口村

项目面积：约20000㎡/水域面积占5750㎡

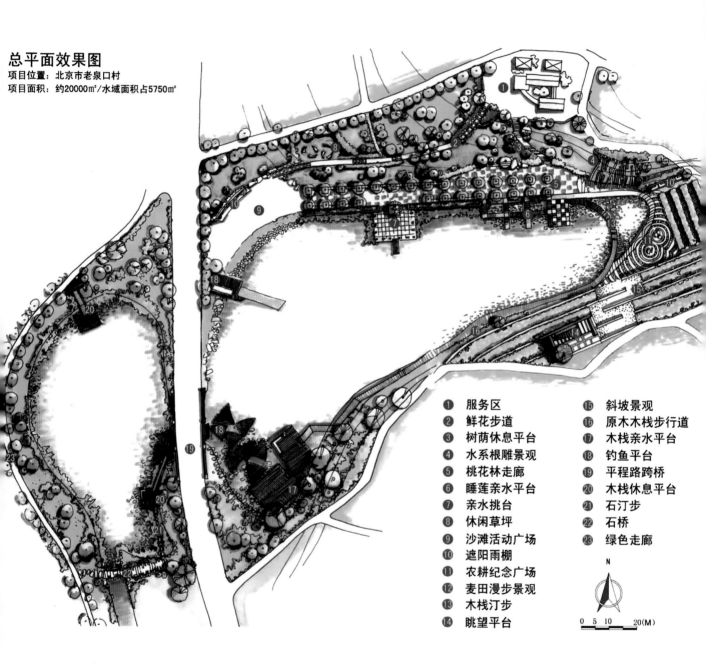

① 服务区
② 鲜花步道
③ 树荫休息平台
④ 水系根雕景观
⑤ 桃花林走廊
⑥ 睡莲亲水平台
⑦ 亲水挑台
⑧ 休闲草坪
⑨ 沙滩活动广场
⑩ 遮阳雨棚
⑪ 农耕纪念广场
⑫ 麦田漫步景观
⑬ 木栈汀步
⑭ 眺望平台
⑮ 斜坡景观
⑯ 原木木栈步行道
⑰ 木栈亲水平台
⑱ 钓鱼平台
⑲ 平程路跨桥
⑳ 木栈休息平台
㉑ 石汀步
㉒ 石桥
㉓ 绿色走廊

N

0　5　10　　　20(M)

麦田漫步区设计图

农耕纪念广场设计图

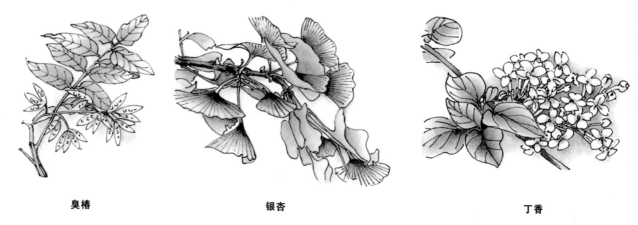

臭椿　　　　　　　　　　銀杏　　　　　　　　　　丁香

🏛 鲜花步道效果图

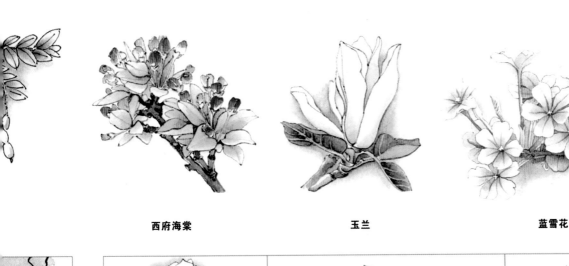

西府海棠　　　　　　　　　　　玉兰　　　　　　　　　　　蓝雪花

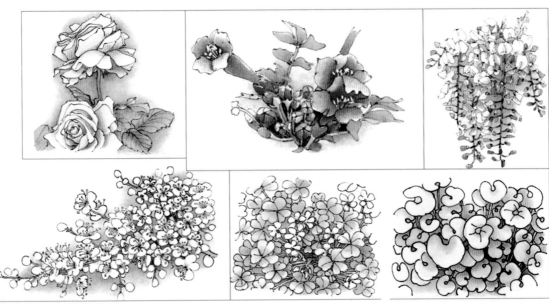

植物造景： 一方面保留当地的乡土树种，易于管理，同时也能让依赖当地植物生存的鸟类、昆虫和其他动物能继续找到安生之处便于生态保护。充分挖掘和利用好当地的植物，经过设计创造新的景观如麦田漫步景观和桃花林步行道等；另一方面，适量引入其它形态优美易于成活和管理的植物营造氛围创造诸如鲜花步道、花溪景观带、睡莲亲水平台等新景点。此外还要避免因树种混种不当或单一大面积栽植而导致的病虫害严重发生的状况。

▲ 毛白杨
◀ 睡莲
■ 菖蒲

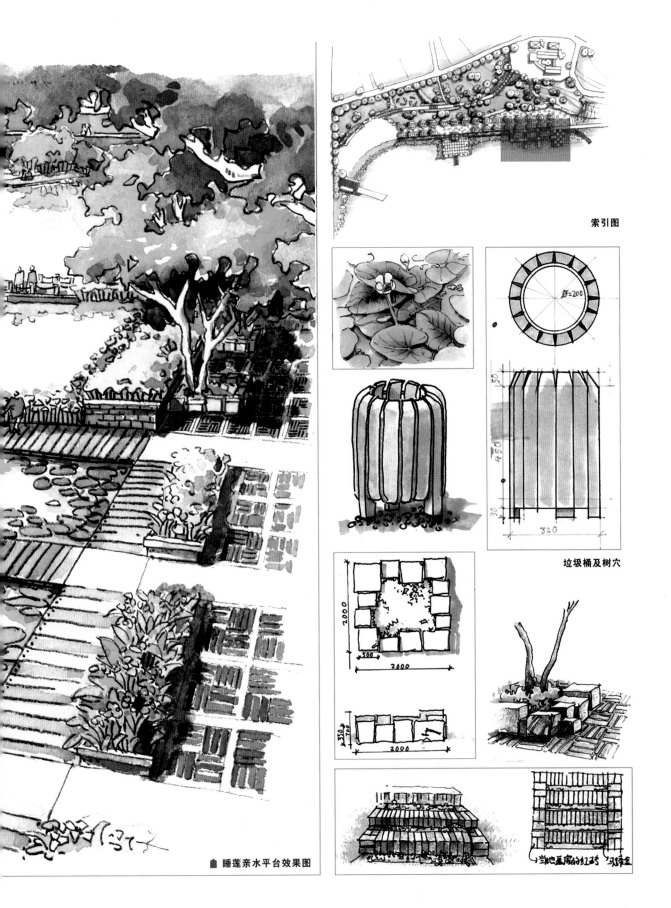

索引图

垃圾桶及树穴

■ 睡莲亲水平台效果图

当地盖房的红砖

"老泉之爱"休闲谷中心景区规划设计

北京平谷区　钢笔、彩铅表现　设计、绘图：齐海涛　李　雯

中心景区老泉亭手绘设计图

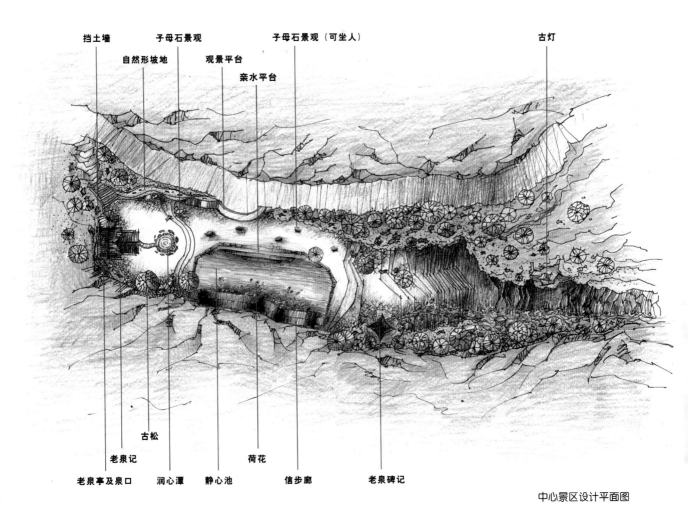

挡土墙　　子母石景观　　　　子母石景观（可坐人）　　　　　　　　　古灯

自然形坡地　　观景平台

亲水平台

古松

老泉记　　　　　　　　荷花

老泉亭及泉口　　润心潭　　静心池　　信步廊　　老泉碑记

中心景区设计平面图

中心景区剖立面设计图

南开大学标志性构筑物设计草图　齐海涛　李雯　绘

后记

　　对于设计而言，手绘表达的效果并不是我们追求的最终目的，而是利用手绘这种有力的工具推演与阐述自己的设计，辅助设计实践的成功，设计绝不单单是漂亮的手绘表现。

　　由此，景观设计手绘表达是通过思维与纸笔的共同作用，将创意灵感推演、凝练成优秀的设计方案，并最终促成项目的建设成功，切不可盲目追求手绘技法的效果而忽视了对于设计思路、方法的深入思考。设计不仅仅是图面效果，更是深度的探讨与实践。学习与提升手绘表现的能力不单单是为了达成设计图面的技术水平，更是提高设计师审美高度与设计水平的最有效方式，也是本书编写的主旨。

　　本书是在多年设计实践的积累下编写而成，书中的项目资料大部分来源于"天津桑菩景观艺术设计有限公司"的实际景观设计项目，也整合了大量前辈、同事与学生的经验，经历了多次调整，最终编写完成，借此机会，感谢所有对本书出版提供热心帮助的老师、同事和朋友们。

参考文献：

[1]《手绘你hold住了吗？园林景观设计表现的观念与技巧》秦嘉远　编著　东南大学出版社　出版时间：2012年7月1日
[2]《手绘表现技法丛书：室内外手绘效果图》刘宇　编著　辽宁美术出版社　出版时间：2008年1月1日
[3]《园林景观设计手绘技法》李丽，刘朝晖　编著　机械工业出版社　出版时间：2011年4月1日
[4]《景观快题设计方法与表现》刘谯，韩巍　编著　机械工业出版社　出版时间：2009年9月1日
[5]《景观设计表达》逯海勇，胡海燕　编著　化学工业出版社　出版时间：2009年5月1日
[6]《景观设计与绘图》卢圣　编著　化学工业出版社　出版时间：2010年3月1日
[7]《园林景观手绘表现技法》（修订版）任全伟　编著　科学出版社　出版时间：2009年11月1日
[8]《景观设计：手绘效果图表现技法》赵国斌　编著　福建美术出版社　出版时间：2006年1月1日
[9]《sketch landscape》Editorial Coordinator：Simone k.Schleifer　Loft Publications　2009年

齐海涛
1982 年生于河北省秦皇岛市。
2002—2006 年南开大学文学院
艺术设计系环境艺术专业本科。
2006—2008 年南开大学文学院
艺术设计系设计艺术学硕士。
2008 年至今执教于南开大学文
学院艺术设计系讲师。

设计获奖
第三届 IFI 国际室内设计大赛
暨 2007 年"华耐杯"中国室内
设计大奖赛佳作奖。
第二届 IFI 国际室内设计大赛
暨 2006 年"华耐杯"中国室内
设计大奖赛优秀奖。
首届 IFI 国际室内设计大赛暨
2005 年"华耐杯"中国室内设
计大奖赛入围优秀作品。
2005 年"和成·新人杯"全国
青年学生室内设计大赛二等奖。